化工单元操作实训教程

主　编　杨淑娟　张燕青　李　静

副主编　成喜峰　杨笑晨

参　编　刘晓霞　胡长峰

北京理工大学出版社

BEIJING INSTITUTE OF TECHNOLOGY PRESS

内容提要

本书包括 3 个项目共 12 个任务。项目 1 为实训室认知，主要内容包括认识实训车间、实训总体目标、实训室安全操作规程、实训车间应急预案；项目 2 为化工单元操作实训项目，主要内容包括流体输送、传热、吸收解吸、精馏、萃取、流化床干燥；项目 3 为综合实训项目，主要内容包括氯乙烯岗位操作、聚氯乙烯干燥岗位操作。本书是校企合作共同开发的新形态一体化教材，包括动画装置、微课视频等丰富的数字化教学资源，方便学习者使用。

本书可作为应用化工技术专业化工单元操作实训课程的专用教材，也可作为化工企业从业人员的培训参考教材。

图书在版编目（CIP）数据

化工单元操作实训教程 / 杨淑娟，张燕青，李静主编 .-- 北京：北京理工大学出版社，2024.4

ISBN 978-7-5763-3233-9

Ⅰ . ①化…　Ⅱ . ①杨… ②张… ③李…　Ⅲ . ①化工单元操作—教材　Ⅳ . ① TQ02

中国国家版本馆 CIP 数据核字（2023）第 245203 号

责任编辑：王梦春　　**文案编辑**：闫小惠
责任校对：周瑞红　　**责任印制**：王美丽

出版发行 / 北京理工大学出版社有限责任公司
社　　址 / 北京市丰台区四合庄路 6 号
邮　　编 / 100070
电　　话 /（010）68914026（教材售后服务热线）
（010）68944437（课件资源服务热线）
网　　址 / http：//www.bitpress.com.cn

版 印 次 / 2024 年 4 月第 1 版第 1 次印刷
印　　刷 / 河北鑫彩博图印刷有限公司
开　　本 / 787 mm × 1092 mm　1/16
印　　张 / 9.5
字　　数 / 200 千字
定　　价 / 59.00 元

前　言
PREFACE

职业教育的根本是培养有较强实际动手能力和职业精神的技能型人才，而实训设备是培养这种能力的关键环节。传统的实验更多是验证实验原理，缺乏对学生实际动手能力的培养；因无法实现生产现场的模拟，故更缺乏对学生关于生产现场故障的发现、分析、处理能力等综合素质的培养。为了实现职业技术人才的培养，必须建立现代化的实训基地，具有现代工厂情景的实训设备。

化工单元操作实训装置把化工技术、自动化技术、网络通信技术、数据处理技术等最新的成果糅合在一起，实现了工厂模拟现场化、故障模拟、故障报警、网络采集、网络控制等培训任务。按照“工学结合、校企合作”的人才培养模式，以典型的化工生产过程为载体，以各单元操作任务为导向，以岗位操作技能为目标，开发设计了流体输送、传热、吸收解吸、精馏、萃取、流化床干燥六个典型的化工生产装置，真正做到学中做、做中学，形成“教、学、做、训、考”一体化的教学模式。

本书以“任务驱动”形式编写，结合编者近年来一线化工单元操作实训教学经验，在满足理论与实践相关教学要求的基础上，力图符合企业生产实际。书中各个“任务”是以杭州言实科技有限公司生产的化工单元操作实训装置为载体，通过模拟车间生产任务设计出来的。重点培养学生对化工单元操作典型装置设备的基本操作技能，突出高职“职”的特性；添加装置设备效能标定等与实际联系紧密的理论计算，突出高职“高”的特性。此外，由有企业经验的编者精心设计了综合实训模块，包括氯乙烯岗位操作项目、聚氯乙烯干燥岗位操作项目两个拓展任务，作为单元操作综合设计的内容，供教师、学生及相关企业人员学习。

为方便检验教学效果，每一个实训任务后均制定相应的“考核评分表”，作为实训指导教师组织学生进行分组操作（或竞赛）时的评分依据。为提高对实训车间可能发生的意外伤害事故的预防和应急能力，编者结合实训车间实际情况，专门编入了实训车间突发安全事故应急预案供参考。

由于编写时间仓促，编者的经验和水平有限，书中难免存在不妥和错误之处，恳请读者和专家批评指正。

编　者

化工单元操作实训教程

项目 1　实训室认知 ······ 1

任务 1.1　认识实训车间 ······ 2

任务 1.2　实训总体目标 ······ 5

任务 1.3　实训室安全操作规程 ······ 6

任务 1.4　实训车间应急预案 ······ 7

项目 2　化工单元操作实训项目 ······ 9

任务 2.1　流体输送 ······ 10

任务 2.2　传热 ······ 41

任务 2.3　吸收解吸 ······ 57

任务 2.4　精馏 ······ 70

任务 2.5　萃取 ······ 84

任务 2.6　流化床干燥 ······ 96

项目 3　综合实训项目 ······ 107

任务 3.1　氯乙烯岗位操作 ······ 108

任务 3.2　聚氯乙烯干燥岗位操作 ······ 127

附录 1　流体输送实训装置教学功能一览表 ······ 137

附录 2　萃取仪表一览表及阀门对照表 ······ 139

附录 3　流化床干燥主要阀门一览表……141
附录 4　氯乙烯岗位涉及的危险化学品危害信息表……142
参考文献……144

项目 1 实训室认知

项目描述

为了让学生将学校所学知识和实际生产相衔接，缩短学生毕业后的适应期，充分体现高职教育的特色，实训室设有流体输送操作实训装置、传热操作实训装置、吸收解吸实训装置、常减压精馏操作实训装置、萃取操作实训装置及流化床干燥操作实训装置共 6 套化工生产涉及的单元操作以及集散控制系统（DCS），模拟实际生产过程，培养学生操作技能，提高学生分析问题、解决问题的能力以及安全操作意识，为走向工作岗位打下坚实的基础。同时，实训室也可以作为学生考取“1+X”技能证书的培训场所。

项目目标

1. 认识实训室；
2. 了解实训总体目标和实训室安全操作规程；
3. 掌握实训室应急处置。

任务 1.1　认识实训车间

本实训车间成立于 2012 年，车间总面积 240 m^2，有完善的通风和照明系统、完备的实训设备，是理实一体化实训室，可同时容纳 4 组学生开展实训课程教学。实训车间除了承担教学实训外，还可以承担化工生产技术技能大赛培训任务。

实训设备包含流体输送操作实训装置、传热操作实训装置、吸收解吸实训装置、常减压精馏操作实训装置、萃取操作实训装置、流化床干燥操作实训装置及中控室（DCS 控制室），其中流体输送操作实训装置、传热操作实训装置、吸收解吸实训装置和常减压精馏操作实训装置包含输送对象、控制柜、上位机、数据监控采集软件、数据处理软件几部分。

（1）流体输送实训对象包括离心泵、原料罐、真空机组、电动调节阀、空压机、涡轮流量计、玻璃转子流量计、压力传感器、霍尔开关、螺杆泵、旋涡泵、离心泵、压力表、差压变送器、现场仪表。

流体输送操作实训装置能使学生了解离心泵输送、螺杆泵输送、旋涡泵输送、真空抽送及高位自流等不同流体输送方式特点及优、缺点；掌握流体输送的基本操作、调节方法和了解影响流体输送的主要影响因素；完成流体流动阻力特性、离心泵特性曲线测定；进行离心泵气蚀、气缚实验和离心泵串、并联实验；掌握流量控制、液位控制系统的组成及化工自动化仪表，并掌握调节规律及调节方法的应用。

（2）传热实训对象包括两个冷风机、一个综合换热热风机、左列管换热器、右列管换热器、小列管换热器、综合换热装置、蒸汽发生器、蒸汽调节装置及管路、不凝性气体装置及管路、冷凝水排放系统及管路、冷却水系统、综合传热加热管装置、流量传感器、压力传感器、现场显示变送仪表等。

传热操作实训装置能使学生掌握套管式换热器、列管式换热器和板式换热器的基本构造、工作原理、正常操作及日常维护；进行各种换热器顺流和逆流两种方式的性能测试以及执行换热器的串、并联操作和切换操作；熟悉主要阀门（蒸汽流量调节阀、空气流量调节阀、疏水阀）的位置、类型、构造、工作原理、正常操作及日常维护；了解温度、流量、压力传感器的测量原理及温度、压力显示仪表及流量控制仪表的正常使用。

（3）吸收解吸实训对象包括吸收塔、解吸塔、风机、水泵、储气罐、水箱、转子流量计、孔板流量计、二氧化碳钢瓶、差压变送器、现场变送仪表等。

吸收解吸实训装置能使学生掌握填料吸收塔、解吸塔的基本构造、工作原理、正常操作及日常维护；测定并分析塔压降、液泛速度，以及体积传质系数、传质单元数和传质单元高度等主要性能参数；熟悉主要阀门（吸收塔、解吸塔塔底液位，二氧化碳、空气流量调节）的位置、类型、构造、工作原理、正常操作及维护；了解二氧化碳浓度、温度、流量、压力传感器的测量原理，以及学会浓度、温度、压力显示仪表及流量控制仪表的正常使用。

（4）精馏实训对象包括原料预热器、塔釜再沸器、塔顶冷却器、塔顶产品冷却器、塔底产品冷却器、原料泵、回流泵、塔顶产品泵、塔底残液泵、真空泵、循环泵、现场变送仪表等。

精馏操作实训装置能使学生掌握精馏分离过程的原理和流程、精馏塔的基本构造、工作原理、正常操作及日常维护；掌握双组分连续精馏塔理论板数确定、实际板数的确定；掌握最小回流比计算、回流比的影响及选择、确定适宜回流比；了解塔釜再沸器、塔顶全凝器等主要设备的结构、功能和布置；了解筛板塔流体力学性能，如塔板压降、液泛、漏液、雾沫夹带等；了解塔压降变化、进料大小和组分变化、塔顶冷凝剂量及塔底采出量大小等对塔操作的影响。

（5）萃取操作实训装置包含转盘 / 脉冲萃取双单元实训装置对象、仪表电器操作台、计算机控制台、智能仪表控制上位监控软件（以工控组态软件为平台）和外置配套设备等。装置对象包含萃取塔、萃取相储罐、萃余相储罐、重相储罐、轻相储罐、空气缓冲罐、油水分离罐、轻相泵、重相泵、空压机等。

萃取操作实训装置能够使学生掌握萃取分离过程的原理和流程、转盘 / 脉冲萃取塔的构造和操作方法；了解填料萃取塔传质效率的强化方法；学会测定不同的萃取液流量对萃取效率的影响和不同的转速对萃取效率的影响；还可以掌握每米萃取高度的传质单元数、传质单元高度和萃取率的实验测定方法。

（6）流化床干燥操作实训装置包含实训装置对象、仪表电器操作台、计算机控制台、监控软件和外置配套设备等。装置对象包含不锈钢卧式流化床、空气加热器、旋风分离器、袋式过滤器、旋涡风机、空压机、不锈钢加热管等。

流化床干燥操作实训装置能使学生掌握常压流化床干燥器的构造和操作方法及干燥过程原理，测定固体颗粒物料（硅胶球形颗粒）恒定干燥条件下湿物料干燥曲线和干燥速度曲线，以及临界点和临界湿含量；掌握对流干燥的实验研究方法以及流态化干燥过程的各种性状；掌握测定气固体系流化床层压降与气体流速的关系，测定临界气体流速；进行旋风分离器的演示实验；熟悉布袋除尘器工作原理。

（7）中控室（DCS 控制室）包含现场控制站（I/O 站）、数据通信系统、人机接口单元（操作员站 OPS、工程师站 ENS）、机柜、电源等。系统具备开放的体系结构，可以提供多层开放数据接口。它是一个由过程控制级和过程监控级组成的以通信网络为纽带的多级计算机系统，综合了计算机（Computer）、通信（Communication）、显示（CRT）和控制（Control）4 C 技术，其基本思想是分散控制、集中操作、分级管理、配置灵活、组态方便。

DCS 功能可以使学生和受训人员根据自己的工艺理论知识和装置的操作规程，在控制室和装置现场进行操作；也可以将操作信息送到生产现场，在装置内完成生产过程中的物理变化和化学变化，同时一些主要工艺指标经测量单元、变送器等反馈至控制室，控制室操作（内操）人员通过观察、分析反馈的生产信息，判断装置的运行状况，进行进一步的操作，使控制室和装置现场形成一个闭合回路，逐渐使装置达到满负荷平稳生产状态。控制室和装置现场是生产的硬件环境，在装置建成后，工艺或设备基本上是不变的。操作人员分为内操和外操；内操在控制室内通过 DCS 对装置进行操作和过程控制，是装置的主要操作人员；外操在装置现场进行准备性操作、非连续性操作、一些机泵的就地操作和现场巡检。

任务 1.2　实训总体目标

本实训作为应用化工技术专业主要的实践课及“1+X”职业技能培训和鉴定的一部分，要求达到国家“1+X”职业技能要求，掌握化工生产工艺、机械设备、电气仪表、DCS、安全环保等系统的知识和操作技能，考核合格，取得“1+X”证书，并具备掌握相应设备操作的能力和故障发现、分析及排除等综合素质。

任务 1.3　实训室安全操作规程

（1）设备、管道等原因造成物料泄漏时，要立即处理回收，以免污染现场环境或危及安全作业。

（2）釜内的渣质、物料等要及时处理，排放时操作人员不得离开现场。

（3）冷却水要考虑循环使用，减少浪费。

（4）操作人员必须了解消防灭火器的基本常识和使用方法。

（5）严禁将火种带入设备、管道、阀门，使用时不准碰击、敲打，以免出现火花及损伤保温层。

（6）停车清理时必须切断电源并挂好标记，严禁用水冲洗或用湿布擦电气设备。

（7）实训时操作人员必须听从指导教师指挥，穿好工作服，严格按照岗位操作规程来操作。

（8）操作人员必须具备一般性质的防火、防爆、防毒的基本常识与中毒的急救能力。

（9）严格遵守实训课纪律和一切安全规程，做到实训前准备及安全，做好实训后清理、打扫工作。

（10）实训工作中及时消除“跑、冒、滴、漏”，发生事故及时抢救、汇报，不得隐瞒。

任务 1.4　实训车间应急预案

1. 工作原则

（1）科学高效，以人为本。建立科学高效的应急工作机制，保障师生的生命安全和身体健康，最大限度地预防和减少实训室事故（事件）造成的人员伤亡及公共财产损失。

（2）安全第一，预防为主。遵循“预防为主，常备不懈”的方针，加强实训室安全管理，落实事故预防和隐患控制措施，有效防止实训室安全事故发生，提高实训室事故（事件）处理和应急救援综合处置能力。

（3）统一指挥，分工负责。建立分层指挥、统一协调、各负其责的事故应急处理体系，组织开展事故处理、事故抢险、应急处置等各项应急工作。

（4）快速反应，立足自救。在实训室事故（事件）处理和控制中，采取各种必要手段，防止事故（事件）进一步扩大。

2. 易发生的事故类型

（1）火灾。

1）忘记关电源，致使设备或电器通电时间过长，温度过高，引起着火。

2）操作不慎或使用不当，使火源接触易燃物质，引起着火。

3）供电线路老化、超负荷运行，导致线路发热，引起火灾。

4）乱扔烟头，其接触易燃物质，引起火灾。

（2）爆炸。

1）违反操作规程，引燃易燃物品，进而导致爆炸。

2）设备老化，存在故障或缺陷，造成易燃易爆物品泄漏，遇火花而引起爆炸。

（3）触电。

1）违反操作规程、乱拉电线等。

2）因设施设备老化而存在故障和缺陷，造成漏电触电。

3. 应急措施

（1）实训室火灾应急处理预案。

1）发现火情，现场工作人员立即采取措施处理，防止火势蔓延并迅速报告。

2）确定火灾发生的位置，判断火灾发生的原因，如压缩气体、液化气体、易燃液体、易燃物品、自燃物品等着火。

3）明确火灾周围环境，判断是否有重大危险源分布及是否会诱发次生灾难。

4）明确救灾的基本方法并采取相应措施，按照应急处置程序，选用正确的消防器材进行扑救，可采用水冷却法，二氧化碳、卤代烷、干粉灭火剂灭火。易燃、可燃液体和易燃气体等化学药品的火灾，应使用大剂量泡沫灭火剂、干粉灭火剂将液体火灾扑灭；带电电气设备火灾，应切断电源后再灭火，因现场情况及其他原因，不能断电，需要带电灭火时，应使用沙子或干粉灭火器，不能使用泡沫灭火器或水。

5）依据可能发生的危险化学品事故类别、危险程度级别，划定危险区，对事故现场周围区域进行隔离和疏导。

6）视火情拨打“119”报警求救，并到明显位置引导消防车。

（2）实验室爆炸应急处理预案。

1）实验室发生爆炸时，实验室负责人或安全员在其认为安全的情况下，必须及时切断电源和管道阀门。

2）所有人员应听从临时召集人的安排，有组织地通过安全出口或用其他方法迅速撤离爆炸现场。

3）应急预案领导小组负责安排抢救工作和人员安置工作。

（3）实验室触电应急处理预案。

1）触电急救的原则是在现场采取积极措施保护伤员生命。

2）触电急救首先要使触电者迅速脱离电源，越快越好，触电者未脱离电源前，救护人员不准用手直接触及触电者。

3）触电者脱离电源后，应判断其神志是否清醒，神志清醒者应就地躺平，严密观察，暂时不要站立或走动；神志不清者，应就地仰面躺平，且确保气道通畅，并以 5 s 时间间隔呼叫触电者或轻拍其肩膀，以判定触电者是否意识丧失。禁止摇动触电者头部呼叫触电者。

4）需抢救的触电者应立即就地坚持用人工心肺复苏法正确抢救，并设法联系校医务室接替救治。

（4）善后处理。实训室事故（事件）应急处置结束后，实训室应急领导小组应迅速清理现场，核实损失情况，协助有关部门进行调查、取证工作，提出整改建议，并按学校有关部门指令组织整改，迅速恢复正常工作秩序。

项目 2

化工单元操作实训项目

项目描述

本项目主要完成化工单元操作典型设备单元装置的基本操作，单元操作主要包括流体输送、传热、吸收解吸、精馏、萃取、流化床干燥等。

总体的目标是针对上述化工单元操作常见典型设备达到“四懂”——懂结构、懂原理、懂性能、懂用途；基本达到“三会”中的“一会”——会使用；学习另“两会”——会维护保养和故障排除。

项目目标

1. 能阐述典型化工单元设备的结构、原理、性能、用途；

2. 能阐述并进行典型设备单元装置的开、停车及运行规范操作（方法）；

3. 能使用化工单元设备及装置完成相应生产任务并进行相应设备效能的标定。

任务 2.1　流体输送

职业技能目标

表 2–1 所示为化工总控工职业标准（中级）。

表 2–1　化工总控工职业标准（中级）

序号	职业功能	工作内容	技能要求
1	一、开车准备	（一）工艺文件准备	（1）能识读并绘制带控制点的工艺流程图（PID）； （2）能绘制主要设备结构简图
		（二）设备检查	能完成本岗位设备的查漏、置换操作
2	二、总控操作	（一）开车操作	能按操作规程进行开车操作
		（二）运行操作	能操作总控仪表、计算机控制系统对本岗位的全部工艺参数进行跟踪监控和调节，并能指挥进行参数调节

学习目标

知识目标

1. 了解流体输送的工作流程，掌握基本计算公式，了解输送设备的构造、性能和操作原理；
2. 了解设备输送、真空输送及压力输送等方式的特点；
3. 掌握流体输送的基本操作、调节方法及影响流体输送的主要因素；
4. 掌握流量计、压力表、截止阀、球阀等仪表阀门的使用；
5. 熟悉流体输送中常见异常现象及处理方法；
6. 了解掌握工业现场生产安全知识。

能力目标

1. 能正确使用设备和仪表，及时进行设备、仪器、仪表的维护与保养；
2. 学会做好开车前的准备工作，能按要求操作调节，进行正常开车及紧急停车操作；
3. 能随时掌握设备的运行状况，及时发现、判断及处理各种异常现象；
4. 能掌握现代信息技术管理能力，应用计算机对现场数据进行采集、监控；
5. 具有查阅和使用常用工程图标、手册、资料的能力；
6. 在操作过程中培养自身的学习能力、动手能力、创新能力、协作能力。

素质目标

1. 通过流体输送单元操作实训，学生能深入理解流体输送的基本原理，包括流体动力学、摩擦阻力、能量损失等；理解流体输送在化工生产中的重要性和应用场景；

2. 能熟悉各种输送机械的构造和工作原理，如泵、压缩机、风机等；了解不同类型输送机械的适用范围和性能特点，为实际操作和应用打下基础；

3. 了解流体的基本特性，如密度、黏度、压缩性等，以及流动特性如流量、流速、压力等；理解流体流动的基本规律和影响因素，为解决实际问题提供理论支持；

4. 通过实践操作，能熟练掌握各种流体输送机械的操作和维护，能独立完成泵的启动、运行、停止等操作，并能够进行日常维护和保养，同时，注重培养学生的动手能力和实验技能；

5. 在实训过程中，能分析和解决流体输送过程中出现的问题；通过实际操作和案例分析，具有独立思考和解决问题的能力；鼓励学生积极寻找解决方案，提高创新能力；

6. 在团队中进行流体输送单元操作实训，培养学生的团队协作精神；能理解自己在团队中的角色和责任，与团队成员有效沟通，共同完成实验任务，同时，培养学生领导力和团队合作精神；

7. 了解流体输送实验中的安全风险和环保要求，遵守实验室安全规定和环保标准。在实验过程中，能够采取必要的安全措施，防止事故的发生，同时，应注重减少实验废弃物的产生，合理处理废弃物，树立绿色化学的意识；

8. 在实训过程中，鼓励学生探索新的流体输送技术和方法；培养学生的创新意识，引导学生积极思考和尝试改进现有技术；激发学生的创新思维，培养学生在流体输送领域的创造力。

任务导入

化工生产过程是由十几种化工单元操作和单元反应来实现的，常用的单元操作有 18 种，按其性质、原理可归纳为 5 种操作类型，掌握这 5 种操作类型即具有了掌握化工生产的通用操作能力。

流体输送是化工单元操作中一个基本的模块，是化工生产中不可或缺的一个重要环节，在化工生产中应用广泛，主要有以下方面。

（1）原料输送。将各种化工原料（如酸、碱、溶剂等）输送到目标反应器，保证反应的顺利进行；

（2）成品输送。将生产出的各种成品（如涂料、颜料、树脂等）输送到不同的储罐或包装器中，方便后续的加工和使用。

本任务带领学生操作流体输送实训装置，以化工总控工职业标准为能力目标，将职业技能和相关知识的学习融合在一起，培养学生理论联系实际的能力，不断提高学生的动手能力、创新能力和独立操作能力。

任务描述

以流体输送实训装置为基础，完成以下任务：

1. 认识流体输送设备；
2. 识读并绘制带控制点的工艺流程图；
3. 描述流体输送单元操作的工艺流程和基本步骤；
4. 描述离心泵气蚀和气缚发生的原因及避免措施；
5. 学会流体输送装置开、停车流程；
6. 学会控制设备参数，分析实验结果。

课前预习

1. 哪些领域需要用到流体输送？
2. 简述目前我国乃至世界流体输送发展的程度。

知识准备

一、流体输送工艺原理

生产中所处理的物料，大多为流体（包括液体和气体）。为了满足工艺条件的要求，保证生产的连续性，需要把流体从一个设备输送至另一个设备。这一过程要借助管路和输送机械。流体输送机械给流体增加机械能以完成输送目的。

化工生产中要解决的流体输送问题主要有三大类：一是将流体从低位送到高位；二是将流体从低压设备送往高压设备；三是从一个地方送到很远的另一个地方。

二、流体输送分类

1. 液体送料

（1）高位槽送料（位差输送）。高位槽送料就是利用容器、设备之间存在的位差，将高位设备的流体直接用管道连接到低位设备。在工程中，当需要稳定流量时，常常是先将流体加到高位槽（精细化工生产中用得较多的是高位计量槽），再由高位槽向反应釜等设备加料。

（2）压缩空气送料。压缩空气送料是向贮槽中通入压缩空气，在压力作用下将贮槽中液体输送至指定设备的操作，如图 2-1 所示。此法只能间歇操作，流量小且不易调节，化工生产中常用于输送具有腐蚀性和易燃、易爆的流体。压缩空气送料时，空气的压力必须满足输送任务对升扬高度和流量的要求。

压缩空气送料

（3）真空抽料。真空抽料是指通过真空系统造成的负压来实现液体从一个设备输送到另一个设备的操作，如图 2-2 所示。真空抽料是精细化工生产中常用的一种流体输送方法，结构简单，没有运动部件，但流量调节不方便，需要抽真空系统，且不能用于易挥发性液体的输送。注意，在连续真空抽料时，下游设备的真空度必须满足输送任务的流量要求，还要符合工艺生产对压力的要求。

真空抽料

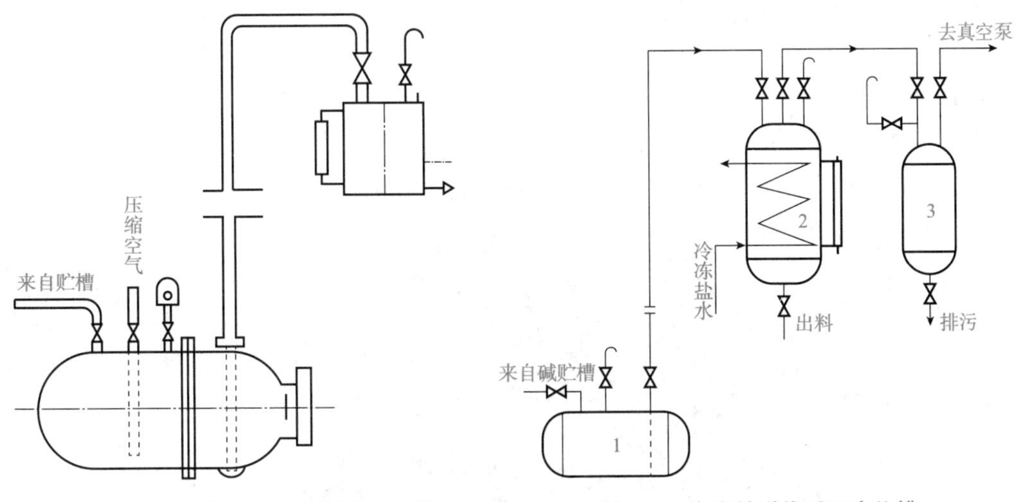

图 2-1　用压缩空气输送硫酸至高位槽

图 2-2　真空输送烧碱至高位槽

（4）流体输送机械送料。流体输送机械送料是借助流体输送机械（泵）对流体做功，实现流体输送目的。由于泵的类型多，扬程和流量适应范围广、易于调节，因此该法是最常见的流体输送方法。图 2-3 所示是某厂合成气净化车间脱硫工序中的吸收剂栲胶溶液输送示意，地面上的常压循环槽中吸收剂栲胶溶液（贫液）是借助离心泵送到高位的脱硫塔顶的。这里的离心泵是典型的流体输送机械。

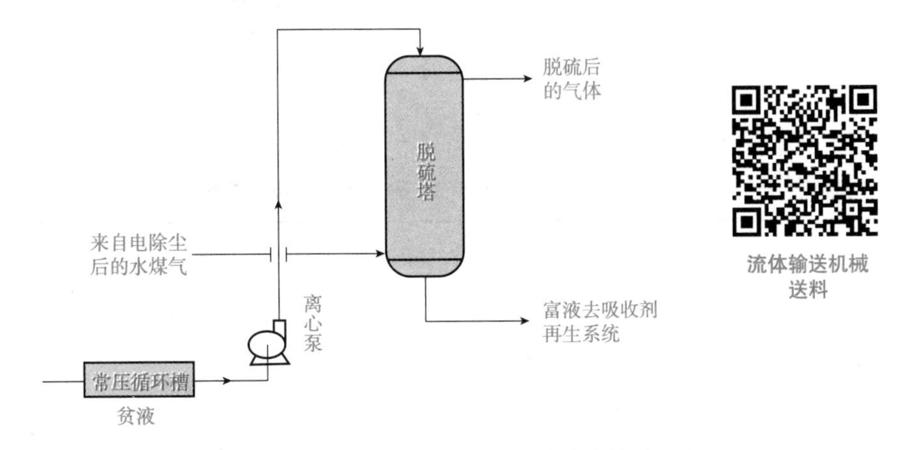

流体输送机械送料

图 2-3　某厂合成气净化车间脱硫工序中的吸收剂栲胶溶液输送示意

2. 气体输送

化工生产中气体的输送与压缩通常用输送机械。使用风机，可以实现气体的输送。

采用压缩机可以产生高压气体，满足化学反应（如氨的合成）或单元操作对压力的要求。使用真空泵可以形成一定的真空度，产生负压，如真空抽料、石油的常减压蒸馏等过程中的抽真空系统。

三、流体输送装置介绍

流体输送实训装置（图 2-4）包括离心泵、原料罐、真空机组、电动调节阀、空压机、涡轮流量计、玻璃转子流量计、压力传感器、霍尔开关、螺杆泵、旋涡泵、离心泵、压力表、差压变送器、现场仪表等。具体设备及其参数见表 2-2 ～表 2-5。

图 2-4 流体输送实训装置

（1）主要静设备及其技术参数（表 2-2）。

表 2-2 静设备及其技术参数

名称	容积（估算）/L	材质	结构形式
原料罐	3 000	304 不锈钢	立式
高位液罐	100	304 不锈钢	立式
真空罐	100	304 不锈钢	立式

（2）主要动设备及其技术参数（表 2–3）。

表 2–3　动设备及其技术参数

序号	设备名称	供电电压	额定功率 /kW
1	1 号离心泵	三相 380 V	0.37
2	2 号离心泵	三相 380 V	0.37
3	旋涡泵	三相 380 V	1.1
4	水力真空喷射机组	三相 380 V	1.5
5	空压机	三相 380 V	1.5
总计	—	—	4.84

（3）阀门及其编号（表 2–4）。

表 2–4　现场阀门及其编号

序号	符号	名称
1	VA101	清水罐球阀
2	VA102	水嘴阀
3	VA103	涡轮泵闸阀
4	VA104	电磁阀
5	VA105	电磁阀
6	VA106	闸阀
7	VA107	闸阀
8	VA108	闸阀
9	VA109	单向阀
10	VA110	清水罐下部球阀
11	VA111	清水罐上部球阀
12	VA112	清水罐安全阀
13	VA113	清水罐上部支路闸阀

续表

序号	符号	名称
14	VA114	清水罐上部支路闸阀
15	VA115	清水罐上部支路闸阀
16	VA116	清水罐上部支路闸阀
17	VA117	清水罐上部支路闸阀
18	VA118	真空罐下部支路闸阀
19	VA119	清水罐上部支路闸阀
20	VA120	真空罐放空阀
21	VA121	液位罐放空阀
22	VA122	液位罐安全阀
23	VA123	真空罐球阀
24	VA124	压缩空气缓冲罐底部球阀
25	VA125	压缩空气缓冲罐安全阀
26	VA126	压缩空气缓冲罐放空阀
27	VA127	闸阀
28	VA128	闸阀
29	VA129	电动调节阀
30	VA130	闸阀
31	VA131	闸阀
32	VA132	活结球阀
33	VA133	活结球阀
34	VA201	闸阀
35	VA202	闸阀
36	P103	多级离心泵

续表

序号	符号	名称
37	V101	清水储罐
38	V102	液位罐
39	V103	真空罐
40	P102	多级离心泵
41	P104	真空喷射机组
42	P106	空压机
43	P101	旋涡泵
44	V104	压缩空气缓冲罐
45	VA134	球阀
46	VA135	法兰闸阀

（4）仪表及控制系统（表 2–5）。

表 2–5　仪表及控制系统

位号	仪表用途	仪表位置	规格
PI101	液体罐顶部压力	就地	压力表
PI102	真空罐顶部真空表	就地	压力表
PI103	浓浆罐上部压力	就地	压力表
PI104	离心泵（P101）管道垂直支路压力	就地	指针压力表 40 kPa，1.5 级
PI105	离心泵（P103）管道水平支路压力	就地	指针压力表 40 kPa，1.5 级
FI101	转子流量计流量	就地	玻璃转子流量计
FI102	转子流量计流量	就地	玻璃转子流量计
LI101	真空罐液位	就地	精度 1 cm
LI102	液位罐液位	就地	精度 1 cm

续表

位号	仪表用途	仪表位置	规格
PI111	液位罐底部压力	就地	压力表
FIC101	离心泵（P102）垂直支路管道流量	就地＋集中	流量计
FI106	离心泵（P102）水平支路管道流量	就地	流量计
FI107	离心泵（P102）水平支路管道流量	就地	流量计
FI108	离心泵（P102）垂直支路管道流量	就地	流量计
FI109	离心泵（P102）垂直支路管道流量	就地	流量计
PI110	压缩空气缓冲罐上部压力	就地	压力表
FI103	转子流量计流量	就地	转子流量计
PI111	旋涡泵（P101）管道压力	就地	压力表
FIC102	孔板流量计流量	就地＋集中	孔板流量计

四、流体输送生产技术指标

在化工生产中，对各工艺变量有一定的控制要求。有些工艺变量对产品的数量和质量起着决定性的作用。有些工艺变量虽不直接影响产品的数量和质量，然而保持其平稳是使生产获得良好控制的前提。例如，床层的温度和压差对干燥效果起很重要的作用。

为了满足实训操作需求，生产技术指标控制可以有两种方式：一是人工控制；二是自动控制，即使用自动化仪表等控制装置来代替人的观察、判断、决策和操作。

先进的控制策略在化工生产过程中推广应用，能够有效提高生产过程的平稳性和产品质量的合格率，对于降低生产成本、节能减排降耗、提升企业的经济效益具有重要意义。

五、流体输送实训装置工艺流程

流体输送实训装置工艺流程如图 2-5 所示。

流体输送设备介绍和工艺流程介绍

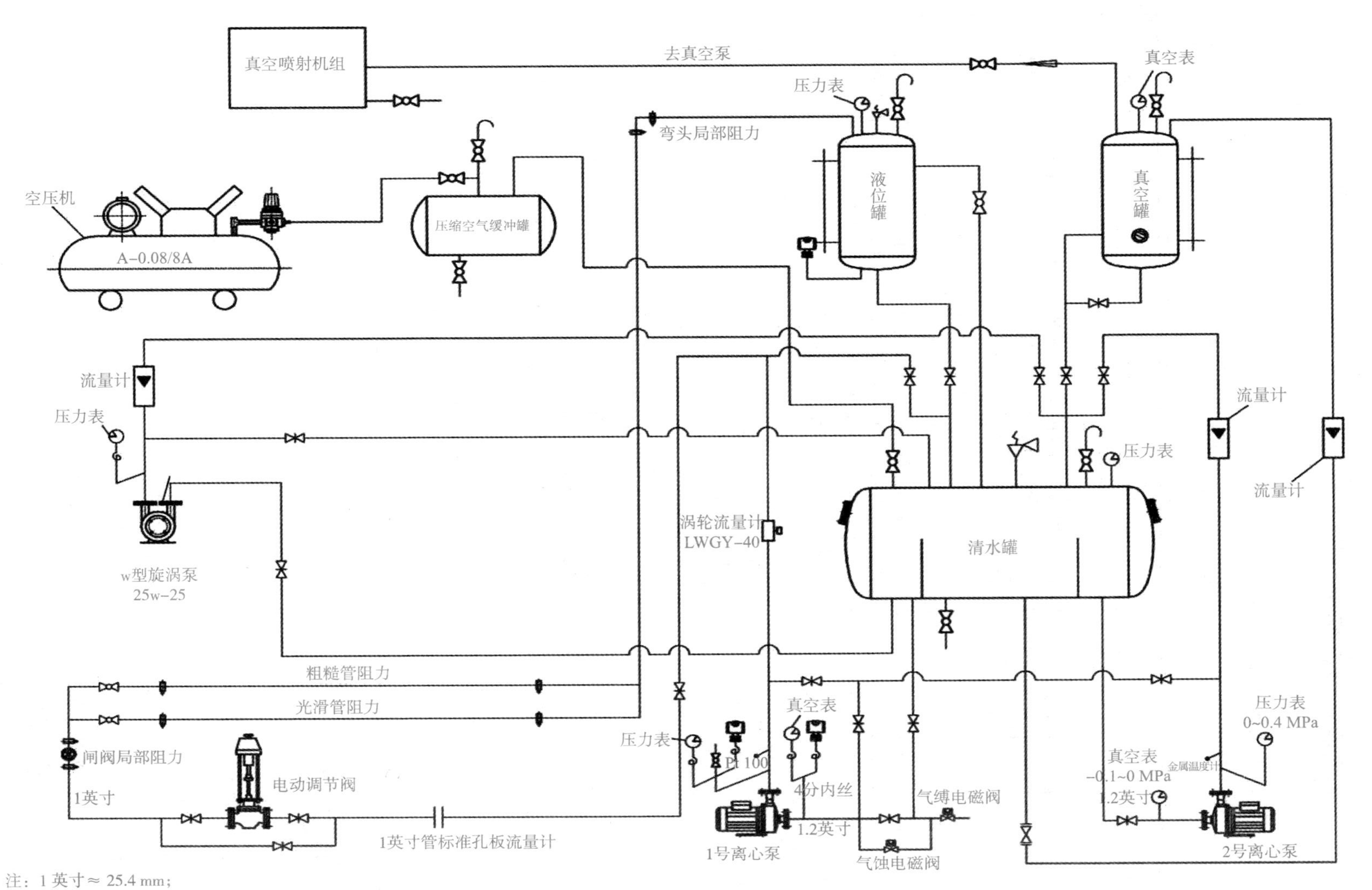

注：1 英寸≈ 25.4 mm；
4 分≈ 15 mm。

图 2-5　流体输送实训装置工艺流程

六、流体输送设备实训考评

认识设备考核评分表见表 2–6。

表 2–6　认识设备考核评分表

姓名:__________　　　　日期:__________　　　　得分:__________

评价内容	配分	评分说明	备注
操作规范	设备、仪表、阀门的指认与介绍（20 分）	（1）设备：离心泵、高位罐、原料罐、真空泵、空压机等； （2）仪表：流量计、压力表、温度计等； （3）阀门：球阀、截止阀、闸阀等	随机抽取指认
	工艺流程口头描述（40 分）	（1）离心泵输送流程（原料罐 – 离心泵 – 高位罐）； （2）涡轮泵输送流程（原料罐 – 涡轮泵 – 高位罐）； （3）真空输送流程（原料罐 – 空压机 – 真空罐）； （4）双泵串联流程（原料罐 – 离心泵 A 和 B– 高位罐）； （5）双泵并联流程（原料罐 – 离心泵 A 和 B– 高位罐）	根据描述情况酌情打分
绘制工艺流程图	根据现场装置绘制流体输送工艺流程图（20 分）	（1）主要设备（60%）； （2）整体管线（20%）； （3）阀门（20%）	
职业素养	安全生产、节约、环保（20 分）	（1）养成 6S（整理、整顿、清扫、清洁、修养、安全）管理要求的工作习惯，操作过程中进行设备的定值和归位，保持工作现场的清洁，及时排出废液并进行清洗； （2）具有安全用水用电的意识，操作前进行水、电、气检查； （3）养成良好的操作习惯，经常检查各设备和阀门状态，不得擅离工作岗位，不乱动现场电源开关、阀门； （4）如实记录现场环境、条件和数据等，数据完整、规范、真实、准确（记录结果弄虚作假扣 20 分）	态度恶劣者本项记 0 分

任务实践

一、开车准备

（1）公用工程水电是否处于正常供应状态（水压、水位是否正常，电压、指示灯是否正常）。

（2）检查清水罐水位是否达到 2/3 的位置。

（3）检查总电源的电压情况是否良好。

二、正常开车

（1）在仪表操作盘台上，开启总电源开关，此时总电源指示灯亮。

（2）开启仪表电源开关，此时仪表电源指示灯亮，且仪表通电。

（3）开启计算机，启动监控软件。

1）打开计算机电源开关，启动计算机。

2）在桌面上双击“流体输送实训软件”图标，进入MCGS组态环境，如图2-6所示。

3）执行“文件”→“运行环境”菜单命令或按F5键进入运行环境，如图2-7所示，输入班级、姓名、学号后（装置号使用默认数值），单击“确定”按钮，进入图2-8所示的实训软件界面，监控软件就启动了。

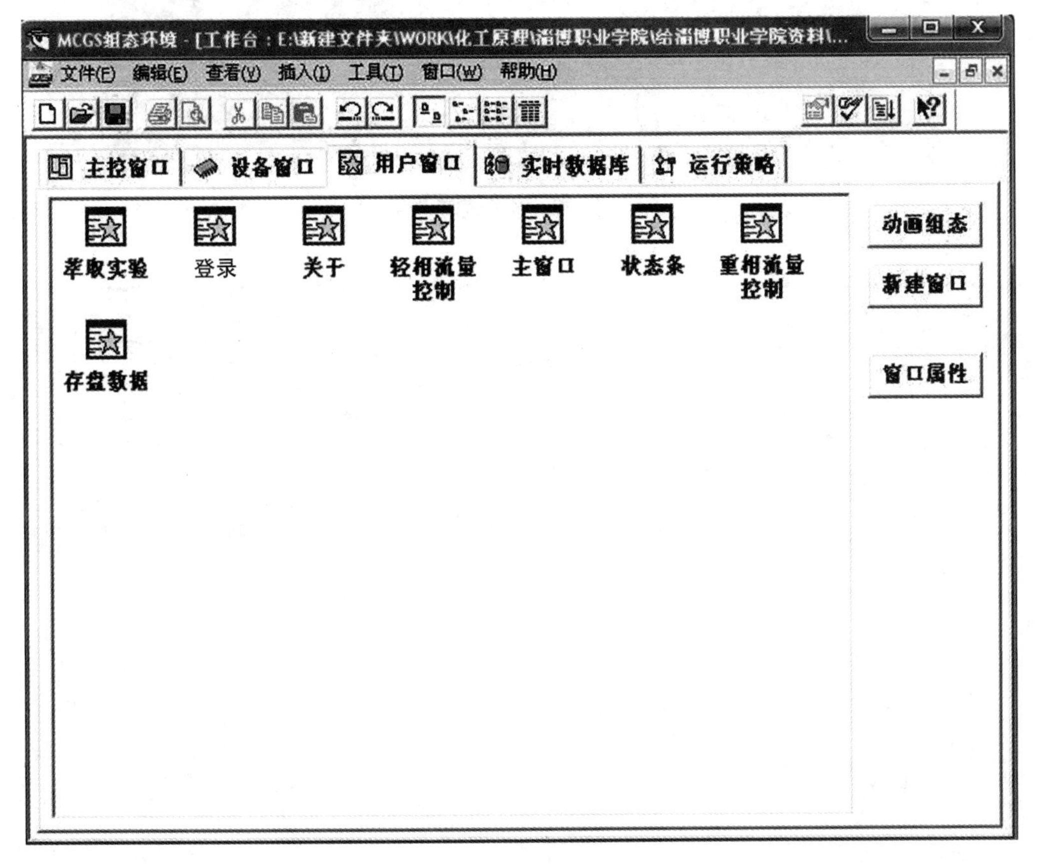

图2-6　MCGS组态环境

图2-8中，PV表示实际测量值，SV表示设定值。单击“控制设置”按钮将打开离心泵流量控制窗口，如图2-9所示，OP表示输入值；可对控制的PID参数进行设置，但一般不设置。

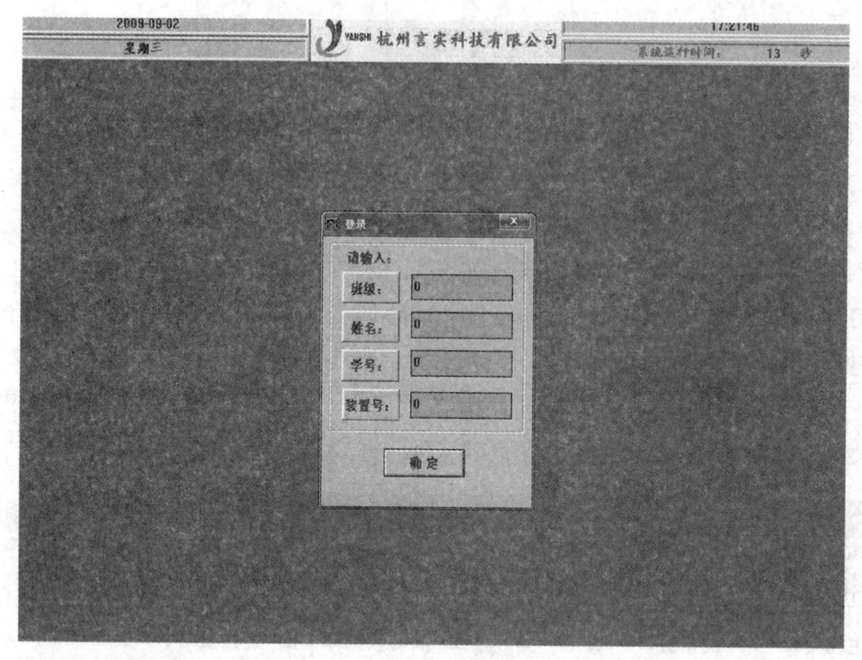

图 2-7　监控软件登录界面

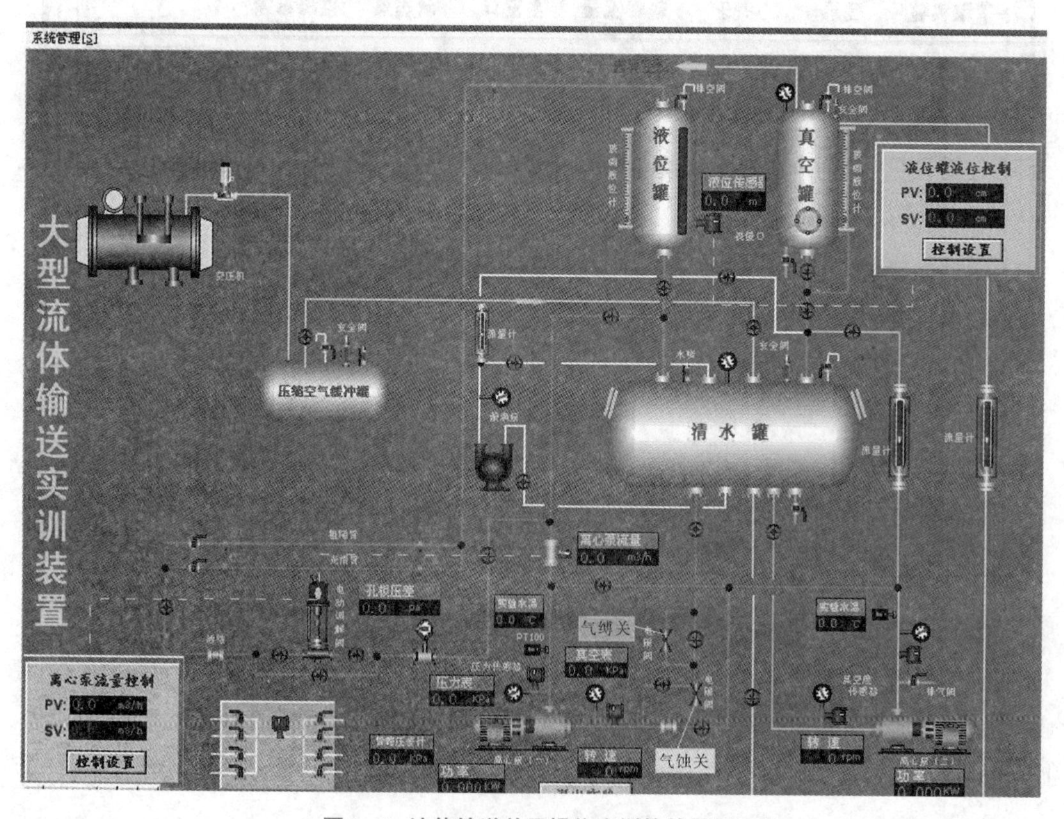

图 2-8　流体输送单元操作实训软件界面

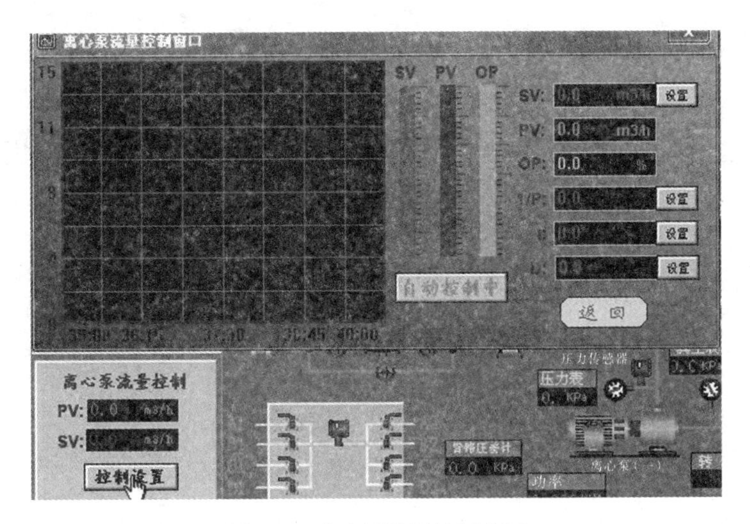

图 2-9　离心泵流量控制窗口

三、实训项目

1. 1 号离心泵流量控制实验

（1）检查各阀门的开关状态，并打开阀 VA104、VA111、VA112、VA114、VA116、VA117、VA118、VA119、VA121、VA123，关闭阀 VA108、VA103、VA109、VA113。

（2）在仪表台上打开电动调节阀电源开关，开启电动调节阀电源。

（3）在仪表台上单击“1 号离心泵启动”按钮，启动 1 号离心泵。

（4）在仪表台上设定“1 号离心泵流量手自动调节仪”为自动，设定到需要调节的流量，如 8 m^3/h，调节阀会自动调节到设定的流量。

（5）若离心泵流量调节不稳，则单击“参数整定”按钮，对控制的 P、I、D 参数进行设置，让控制更快、更好。本实验中的 P、I、D 参数一般各设定为 100、20、1。

（6）改变一个流量设定值为 6 m^3/h，看看控制效果。

离心泵流量控制结构如图 2-10 所示。

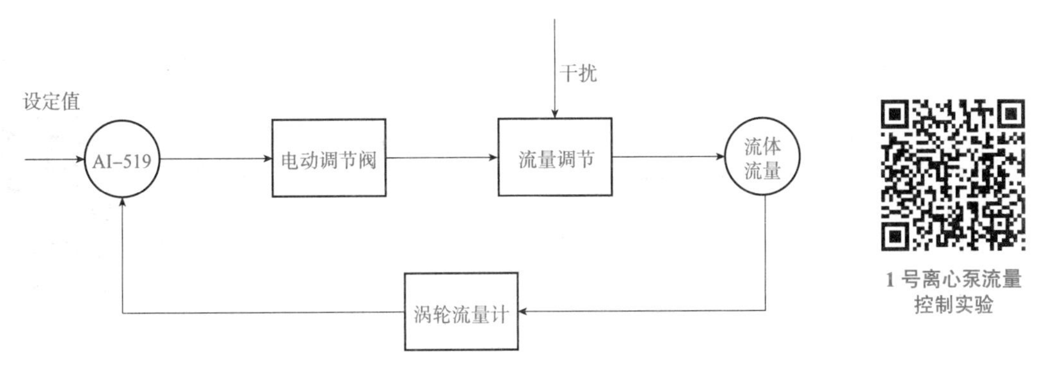

图 2-10　离心泵流量控制结构

离心泵实验数据记录表见表 2-7。

表 2-7 离心泵实验数据记录表

班级:__________ 姓名:__________ 学号:__________ 装置号:__________

序号	温度 /℃	流量 /($m^3 \cdot h^{-1}$)	进口压力 /kPa	出口压力 /kPa	转速 /($r \cdot min^{-1}$)	功率 /kW

2. 液位罐液位控制实验

(1)检查各阀门的开关状态，并打开阀 VA104、VA111、VA112、VA114、VA116、VA117、VA118、VA119、VA121、VA123，关闭阀 VA108、VA103、VA109、VA113。

(2)在仪表台上打开电动调节阀电源开关，开启电动调节阀电源。

(3)在仪表台上按下“1 号离心泵启动”按钮，启动 1 号离心泵。

(4)在仪表台上设定“高位罐液位手自动调节仪”设定值，设定到需要调节的液位，如 30 cm，调节阀会自动调节到设定的液位。

(5)若离心泵液位调节不稳，则单击“参数整定”按钮，对控制的 P、I、D 参数进行设置，让控制更快、更好。本实验中的 P、I、D 参数一般各设定为 200、20、1。

(6)改变一个流量设定值为 6 m^3/h，看看控制效果。

高位罐液位控制结构如图 2-11 所示。

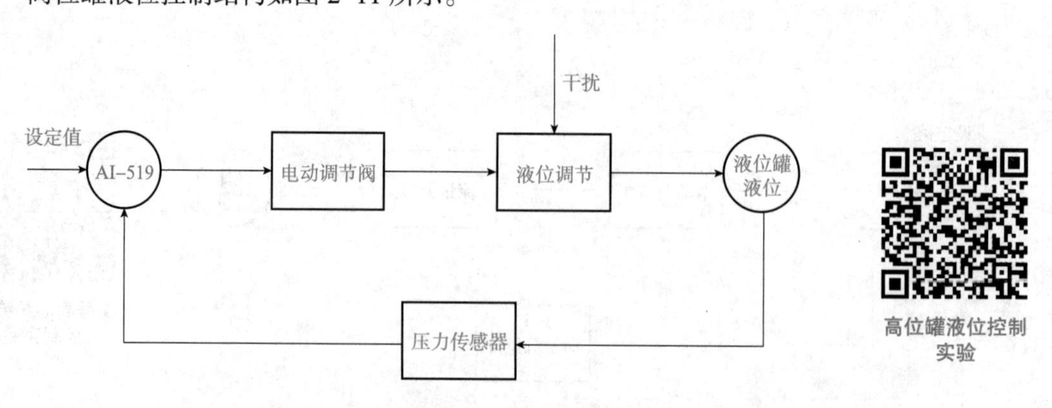

图 2-11 高位罐液位控制结构

3. 旋涡泵流量控制实验

（1）检查各阀门的开关状态，打开阀 VA401、VA403，关闭阀 VA303、VA402。

（2）在仪表台上按下旋涡泵电源启动按钮，启动旋涡泵电源。

（3）在仪表台上设定“旋涡泵流量手自动调节仪”设定值，设定到需要调节的流量，如 1 m^3/h，调节阀会自动调节到设定的流量，若离心泵液位调节不稳，则单击“参数整定”按钮，对控制的 P、I、D 参数进行设置，让控制更快、更好。本实验中的 P、I、D 参数一般各设定为 100、6、1。

（4）改变一个流量设定值为 2 m^3/h，看看控制效果。

离心泵输送操作考核评分表（适用于实训项目 1、2、3）见表 2-8。

表 2-8　离心泵输送操作考核评分表

姓名:__________　　装置号:__________　　日期:__________　　得分:__________

评价内容	配分	评分说明	备注
操作规范	开车准备（20 分）	（1）现场设备、仪表、阀门检查； （2）试电检查，包括设备控制、仪表电源等； （3）原料准备	—
	开车操作及运行（40 分）	（1）灌泵排气； （2）将阀门调至正确状态； （3）开泵，调节后阀门开度将流体流量控制至合适范围； （4）切换不同输送路线	—
	停车操作（20 分）	（1）关闭泵后阀； （2）停泵； （3）打开放空阀及泄液阀，排气排积水； （4）检查设备、阀门状态，做好记录； （5）关闭控制柜仪表电源开关，切断总电源，清理现场	—
职业素养	安全生产、节约、环保（20 分）	（1）养成按 6S（整理、整顿、清扫、清洁、修养、安全）管理要求的工作习惯，操作过程中进行设备的定置和归位，保持工作现场的清洁，及时排出废液并进行清洗； （2）具有安全用水用电的意识，操作前进行水、电、气检查； （3）具备安全生产意识，按现场要求穿戴劳动保用品； （4）养成良好的操作习惯，经常检查各个设备和阀门状态，不得擅离工作岗位，不乱动现场电源开关阀门； （5）如实记录现场环境、条件和数据等，数据需要完整、规范、真实、准确（记录结果弄虚作假扣 20 分）	上课与老师顶撞等恶劣态度者本项记 0 分

4. 离心泵特性控制实验

（1）实训任务。

1）了解离心泵的结构与特性。

2）掌握离心泵特性的测定方法和特性曲线的绘制方法。

离心泵

离心泵特性控制实验

（2）实训知识准备。离心泵的主要性能参数有流量 Q

（也叫送液能力）、扬程 H（也叫压头）、轴功率 N 和效率 η。在一定的转速下，离心泵的扬程 H、轴功率 N 和效率 η 均随实际流量 Q 的大小而改变。通常用水做实验测出 Q-H、Q-N 及 Q-η 之间关系，并以三条曲线分别表示出来，这三条曲线被称为离心泵的特性曲线。

离心泵的特性曲线是确定泵适宜的操作条件和选用离心泵的重要依据。但是，离心泵的特性曲线目前还不能用解析方法进行精确计算，仅能通过实验来测定。

（3）理论基础。

1）扬程 H 的测定与计算。在泵进、出口取截面列伯努利方程：

$$H=\frac{p_2-p_1}{\rho g}+Z_2-Z_1+\frac{u_2^2-u_1^2}{2g} \tag{2-1}$$

式中 p_1、p_2——泵进、出口的压强（N/m^2）；

ρ——流体密度（kg/m^3）；

u_1、u_2——泵进、出口的流速（m/s）；

g——重力加速度（m/s^2）。

当泵进、出口管径一样，且压力表和真空表安装在同一高度时，上式简化为

$$H=\frac{p_2'-p_1'}{\rho g} \tag{2-2}$$

由上式可知：只要直接读出真空表和压力表上的数值，就可以计算出泵的扬程。

2）轴功率 N 的测量与计算。

$$N=0.7\ W$$

式中 N——泵的轴功率（W）；

W——电动机功率（W），由功率表读出。

3）效率 η 的计算。泵的效率 η 是泵的有效功率 N_e 与轴功率 N 的比值。有效功率 N_e 是单位时间内流体从泵得到的功，轴功率 N 是单位时间内泵从电动机得到的功，两者差异反映了水力损失、容积损失和机械损失的大小。

泵的有效功率 N_e 可用下式计算：

$$N_e=HQ\rho g \tag{2-3}$$

故

$$\eta=N_e/N\times100\%=HQ\rho g/N\times100\% \tag{2-4}$$

4）转速改变时的换算。泵的特性曲线是在指定转速下的数据，就是说在某一特性曲线上的一切实验点，其转速都是相同的。但是，实际上感应电动机在转矩改变时，其转速会有变化，这样随着流量的变化，多个实验点的转速将有所差异，因此在绘制特性曲线之前，须将实测数据换算为平均转速下的数据。换算关系如下：

流量

$$Q'=Q\frac{n'}{n} \tag{2-5}$$

扬程 $$H'=H\left(\frac{n'}{n}\right)^2 \tag{2-6}$$

轴功率 $$N'=N\left(\frac{n'}{n}\right)^3 \tag{2-7}$$

效率 $$\eta'=\frac{Q'H'\rho g}{N'}=\frac{QH\rho g}{N}=\eta \tag{2-8}$$

（4）实训步骤。

1）检查各阀门的开关状态，并打开阀 VA104、VA111、VA112、VA114、VA116、VA117、VA118、VA119、VA121、VA123，关闭阀 VA108、VA103、VA109、VA113。

2）在仪表台上按下旋涡泵电源启动按钮，启动旋涡泵电源。

3）在桌面上双击“流量输送实训软件之离心泵特性测定实验软件”图标，进入 MCGS 组态环境，如图 2-6 所示。

4）执行“文件”→“运行环境”菜单命令或按 F5 键进入运行环境，如图 2-7 所示，输入班级、姓名、学号后（装置号使用默认数值），单击“确定”按钮，进入实训软件界面，监控软件就启动了，如图 2-8 所示。

5）在仪表台上按下“1 号离心泵启动”按钮，启动 1 号离心泵。

6）在仪表台上设定“1 号离心泵流量手自动调节仪”设定值，设定到需要调节的流量，流量从大到小调节，先设定为 10 m^3/h，待流量稳定后，各数值稳定时，单击监控软件“数据采集”按钮，采集该流量下的离心泵的流量、真空度、出口压力、流体温度、转速、功率等。

7）改变流量设定值为 8 m^3/h，待流量稳定后，各数值稳定时，单击监控软件上“数据采集”按钮，采集该流量下的离心泵的各参数。

8）重复步骤 7），将流量设定值分别设定为 6、4、2、0 m^3/h，采集离心泵的参数，直到流量为 0 m^3/h 时采集最后一组参数，此时，数据采集完成。

图 2-12　离心泵性能曲线测定实验

9）在桌面双击“离心泵性能曲线测定实验”图标进入界面，如图 2–12 所示。单击“确定”按钮，进入登录界面，填写学院、系别、学号、班级、姓名，单击“确定”按钮，如图 2–13 所示。

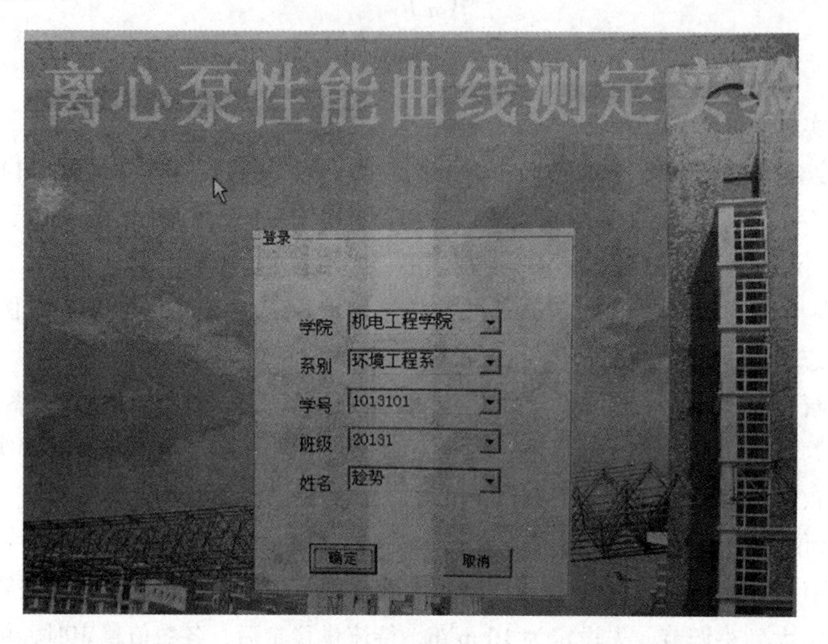

图 2–13　登录界面

10）此时自动采集数据，单击“打开”按钮，打开刚做的实验进入“实验原始记录数据表”界面，如图 2–14 所示。

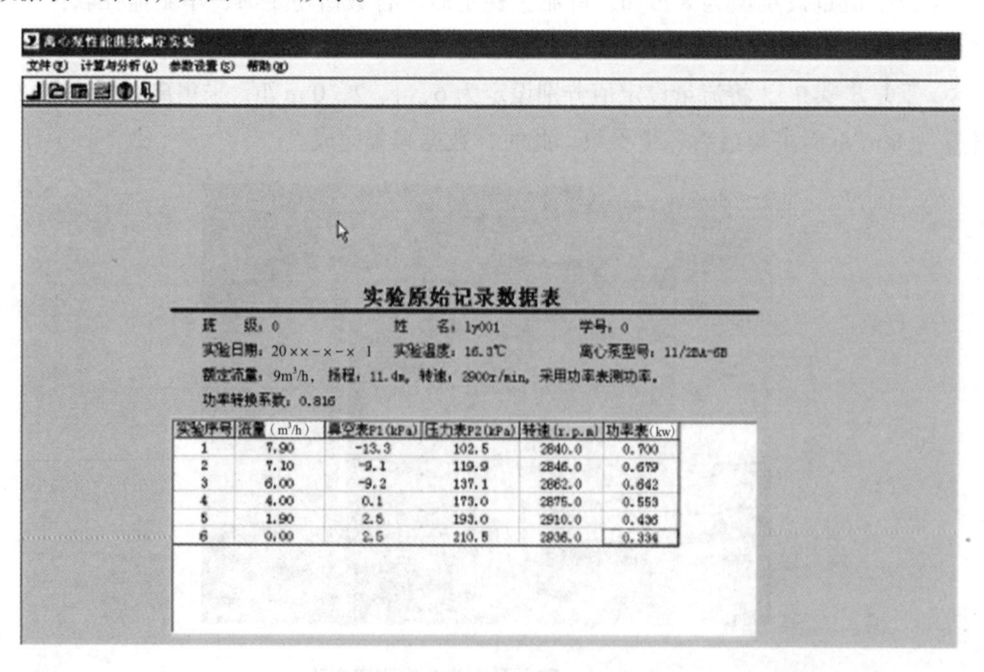

实验原始记录数据表

班　级：0　　姓　名：ly001　　学号：0

实验日期：20××–×–× 1　　实验温度：16.3℃　　离心泵型号：11/2BA-6B

额定流量：9m³/h，扬程：11.4m，转速：2900r/min，采用功率表测功率。

功率转换系数：0.816

实验序号	流量（m³/h）	真空表P1(kPa)	压力表P2(kPa)	转速(r.p.m)	功率表(kw)
1	7.90	-13.3	102.5	2840.0	0.700
2	7.10	-9.1	119.9	2846.0	0.679
3	6.00	-9.2	137.1	2862.0	0.642
4	4.00	0.1	173.0	2875.0	0.553
5	1.90	2.5	193.0	2910.0	0.436
6	0.00	2.5	210.5	2936.0	0.334

图 2–14　“实验原始记录数据表”界面

11）单击图标，实验计算结果如图 2-15 所示。

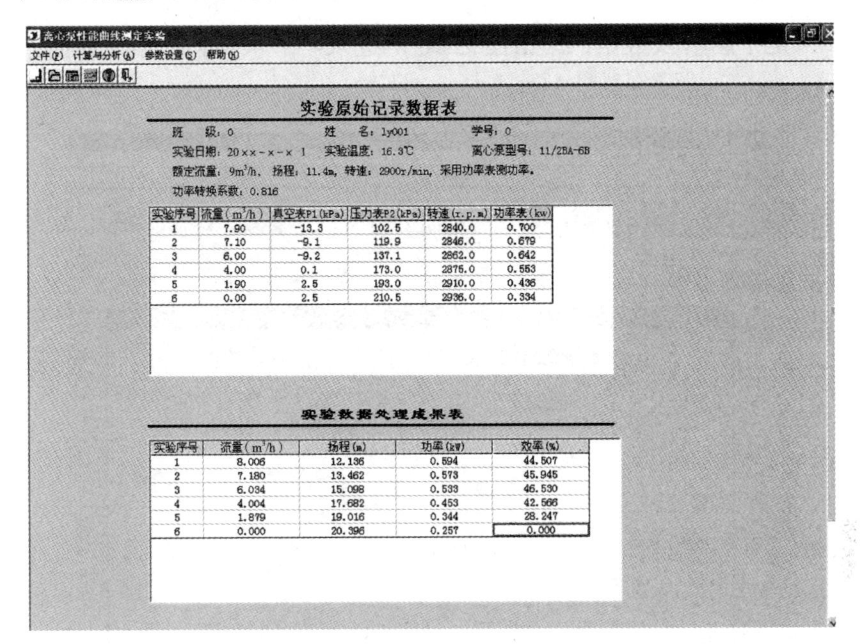
离心泵性能曲线测定实验

文件(F) 计算与分析(A) 参数设置(S) 帮助(H)

实验原始记录数据表

班　级：0　　姓　名：1y001　　学号：0

实验日期：20××-×-× 1　　实验温度：16.3℃　　离心泵型号：11/2BA-6B

额定流量：9m³/h，扬程：11.4m，转速：2900r/min，采用功率表测功率。

功率转换系数：0.816

实验序号	流量(m³/h)	真空表P1(kPa)	压力表P2(kPa)	转速(r.p.m)	功率表(kw)
1	7.90	-13.3	102.5	2840.0	0.700
2	7.10	-9.1	119.9	2846.0	0.679
3	6.00	-9.2	137.1	2862.0	0.642
4	4.00	0.1	173.0	2875.0	0.553
5	1.90	2.5	193.0	2910.0	0.436
6	0.00	2.5	210.5	2936.0	0.334

实验数据处理成果表

实验序号	流量(m³/h)	扬程(m)	功率(kW)	效率(%)
1	8.006	12.136	0.594	44.507
2	7.180	13.462	0.573	45.945
3	6.034	15.098	0.533	46.530
4	4.004	17.682	0.453	42.566
5	1.879	19.016	0.344	28.247
6	0.000	20.396	0.257	0.000

图 2-15　实验计算结果

12）如果需打印实验数据，单击“文件”按钮，再单击“打印实验原始数据”按钮和“打印实验结果”按钮。

13）单击图标，生成离心泵特性曲线，如图 2-16 所示。

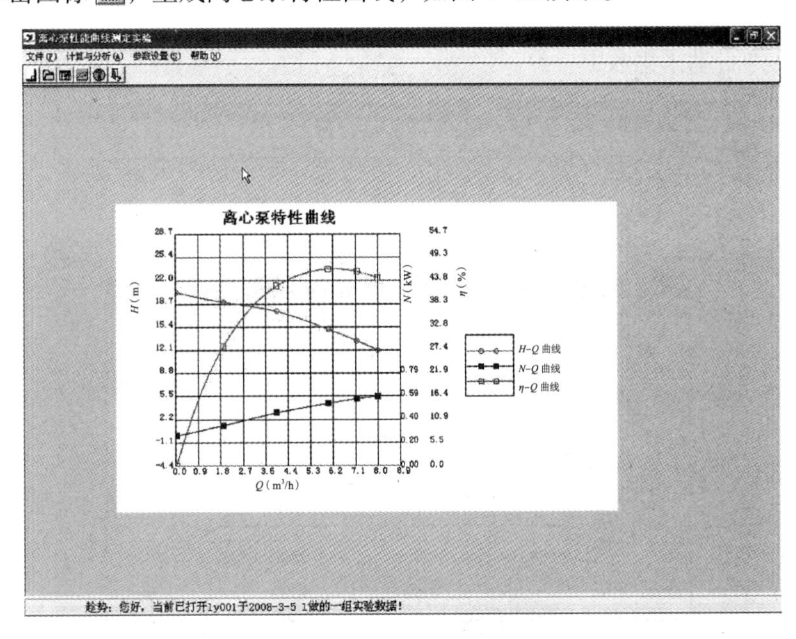

图 2-16　离心泵特性曲线

14）打印离心泵特性曲线图形，执行“文件”→“打印图形”命令。

15）如果是手动输入数据，单击图标，进入“录入实验数据”界面，如图 2-17 所示。

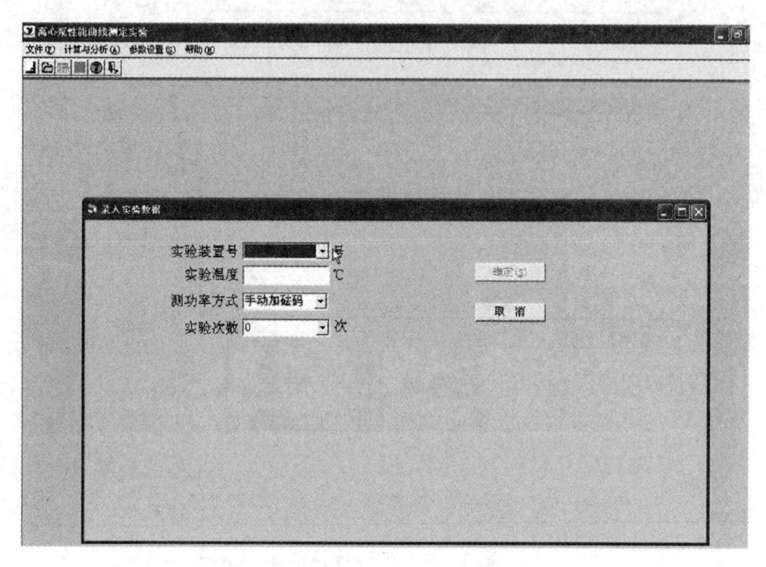

图 2-17 录入实验数据

16）输入实验装置号、实验温度、测功率方式、实验次数，如图 2-18 所示。

17）输入测量的数据，单击“确定”按钮，进入图 2-19 所示的“实验原始记录数据表”界面。

其他操作与自动采集数据一致。

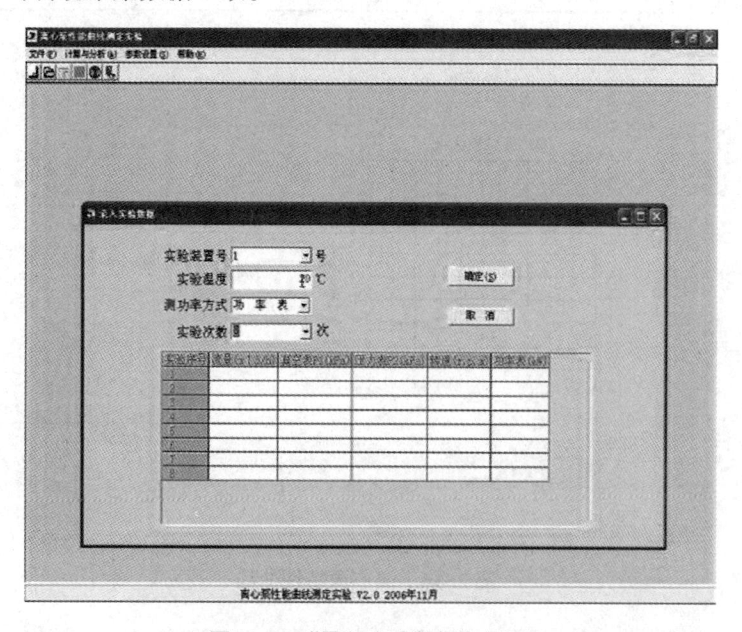

图 2-18 “录入实验数据”界面

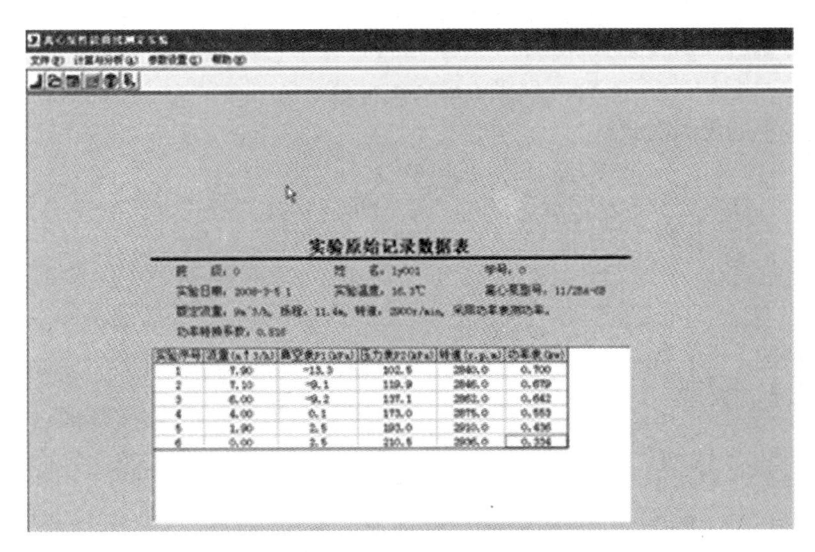

实验序号	流量(m^3/h)	真空表P1(kPa)	压力表P2(kPa)	转速(r.p.m)	功率表(kw)
1	7.90	-13.9	102.5	2840.0	0.700
2	7.10	-9.1	119.9	2846.0	0.679
3	6.00	-9.2	137.1	2862.0	0.642
4	4.00	0.1	173.0	2875.0	0.553
5	1.90	2.5	193.0	2910.0	0.436
6	0.00	2.5	210.5	2906.0	0.334

图 2-19 “实验原始记录数据表”界面

（5）实训报告要求。

1）分析实训结果，判断离心泵较为适宜的工作范围。

2）分析离心泵特性曲线的变化趋势。

5. 流体输送阻力曲线测定实验

流体输送阻力曲线测定实验

（1）实训任务。

1）掌握流体流经圆形直管和阀门时阻力损失（压降）的测定方法。

2）测定直管摩擦系数 λ 与雷诺数 Re 的关系。

3）测定流体流经阀门时的局部阻力系数。

4）了解流体流动中能量损失的变化规律和影响因素，寻找降低阻力损失（压降）的方法。

（2）实训原理。流体在管内流动时，由于黏性剪应力和涡流的存在，不可避免地要消耗一定的机械能，这种机械能的消耗包括流体流经直管的沿程阻力和由流体运动方向改变所引起的局部阻力。

1）沿程阻力。流体在水平均匀管道中稳定流动时，阻力损失表现为压降，即

$$h_f=\frac{p_1-p_2}{\rho}=\frac{\Delta p}{\rho} \tag{2-9}$$

影响阻力损失的因素很多，尤其对湍流流体，目前尚不能完全用理论方法求解，必须通过实验研究其规律。为了减少实验工作量，使实验结果具有普遍意义，必须采用因次分析方法将各变量综合成准数关联式。根据因次分析，影响阻力损失的因素如下。

①流体性质：密度 ρ、黏度 μ；

②管路的几何尺寸：管径 d、管长 l、管壁粗糙度 ε；

③流动条件：流速 u。

以上阻力损失因素可表示为

$$\Delta p = f(d, l, u, \mu, \rho, u, \varepsilon) \tag{2-10}$$

组合成以下的无因次式：

$$\frac{\Delta p}{\rho u^2} = \varphi\left(\frac{du\rho}{\mu}, \frac{l}{d}, \frac{\varepsilon}{d}\right) \tag{2-11}$$

$$\frac{\Delta p}{\rho} = \varphi\left(\frac{du\rho}{\mu}, \frac{\varepsilon}{d}\right) \cdot \frac{l}{d} \cdot \frac{u^2}{2} \tag{2-12}$$

令$\lambda = \varphi\left(\frac{du\rho}{\mu} \cdot \frac{\varepsilon}{d}\right)$

则

$$h_f \frac{\Delta p}{\rho} = \lambda \frac{l}{d} \frac{u^2}{2} \tag{2-13}$$

式中 Δp——压降（Pa）；

h_f——直管阻力损失（J/kg）；

ρ——流体密度（kg/m^3）；

l——直管长度（m）；

d——直管内径（m）；

u——流体流速（m/s），由实验测定；

λ——直管摩擦系数，无因次。滞流（层流）时，$\lambda = 64/Re$；湍流时，λ是雷诺数 Re和相对粗糙度的函数，须由实验确定。

2）局部阻力。局部阻力通常有两种表示方法，即当量长度法和阻力系数法。

①当量长度法。流体流过某管件或阀门时，因局部阻力造成的损失，相当于流体流过与其具有相当管径长度的直管阻力损失，这个直管长度称为当量长度，用符号 l_e 表示。这样，就可以用直管阻力的公式来计算局部阻力损失，而且在管路计算时，可将管路中的直管长度与管件、阀门的当量长度合并在一起计算，如管路中直管长度为乙各种局部阻力的当量长度之和$\sum l_e$，则流体在管路中流动时的总阻力损失$\sum h_f$为

$$\sum h_f = \lambda \frac{l + \sum l_e}{d} \frac{u^2}{2} \tag{2-14}$$

②阻力系数法。流体通过某一管件或阀门时的阻力损失用流体在管路小的动能系数来表示，这种计算局部阻力的方法，称为阻力系数法。

$$h_f' = \xi \frac{u^2}{2} \tag{2-15}$$

式中 ξ——局部阻力系数，无因次；

u——在小截面管中流体的平均流速（m/s）。

由于管件两侧距测压孔间的直管长度很短，引起的摩擦阻力与局部阻力相比，可以忽略不计。因此，h_f可应用伯努利方程由压差计读数求取。

（3）实训步骤。

1）检查各阀门的开关状态，并打开阀 VA104、VA111、VA112、VA114、VA116、VA117、VA118、VA121、VA123，关闭阀 VA108、VA103、VA109、VA113、VA119。

2）在仪表台上按下电动调节阀电源开关，开启电动调节阀电源。

3）在桌面上双击“流量输送实训软件之流体流动阻力测定实验软件”图标，进入 MCGS 组态环境。

4）执行“文件”→“运行环境”菜单命令或按 F5 键进入运行环境，输入班级、姓名、学号后（装置号使用默认数值），单击“确定”按钮，进入实训软件界面，监控软件就启动了。

5）在仪表台上按下“1 号离心泵启动”按钮，启动 1 号离心泵。

6）做光滑管阻力实验。打开模拟图 2-23 中 C1、C2 的阀门，并对差压变送器进行排气，排完气关好排气阀门。（图 2-20 中阀门由上到下分别代表弯头阻力、光滑管阻力、粗糙管阻力、阀门阻力）

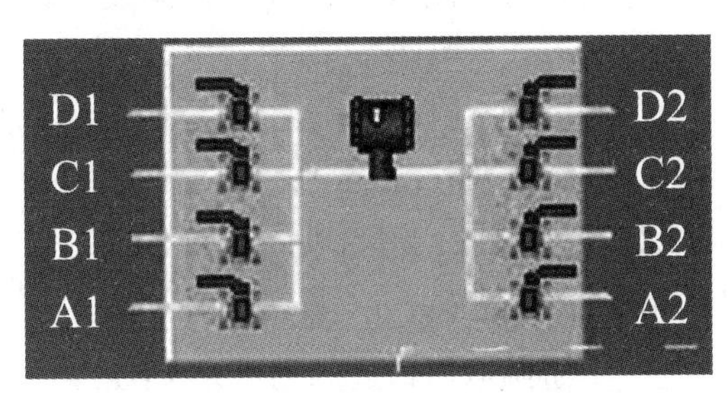

图 2-20　流动阻力测定实验阀门

7）在仪表台上设定“1 号离心泵流量手自动调节仪”设定值，设定到需要调节的流量，流量从大到小调节，先设定 6 m^3/h，待流量稳定后，各数值稳定时，单击监控软件上“数据采集”按钮，采集该流量下的光滑管压差及流体水温等。

8）改变一组流量为 1 ～ 6 m^3/h，间隔 1 m^3/h 改变一个流量，待流量稳定后，各数值稳定时，单击“数据采集”按钮，采集该流量下的光滑管阻力各参数。采集完光滑管实验数据，关闭阀 VA118、打开阀 VA119，做粗糙管实验。

9）在仪表台上设定“1 号离心泵流量手自动调节仪”设定值，设定到需要调节的流量，流量从大到小调节，先设定 6 m^3/h，打开 B1、B2，打开差压变送器排气阀门，进行排气，排完气后关闭排气阀门，开始实验。

10）在 1 ～ 6 m^3/h 每间隔 1 m^3/h 调节一个流量，待数据稳定后，单击“数据采集”按钮，采集该流量下的粗糙管压差等参数，直到流量为 1 m^3/h 时，完成实验。

同理，打开 D1、D2 做弯头局部阻力实验；打开阀 A1、A2 做阀门局部阻力实验。

实验完成，在桌面上打开“流体流动阻力曲线测定实验”，进入数据处理软件，对实验数据进行处理（表 2-9）。

表 2-9　流体流动阻力测定实验数据记录表

班级:________　姓名:________　学号:________　装置号:________

序号	温度 /℃	流量 /（$m^3 \cdot h^{-1}$）	粗糙管压差 /kPa	光滑管压差 /kPa	闸阀压差 /kPa	弯头压差 /kPa

6. 孔板流量计校核实验

（1）理论基础。流体通过节流式流量计时，在流量计上、下游两取压口之间产生压差，它与流量有以下关系：

$$V_s = CA_0\sqrt{\frac{2(P_{上}-P_{下})}{\rho}} \tag{2-16}$$

采用正 U 形管压差计测量压差时，流量 V_s 与压差计读数 R 之间关系为

$$V_s = CA_0\sqrt{\frac{2gR(\rho_A-\rho)}{\rho}} \tag{2-17}$$

式中　V_s——被测流体（水）的体积流量（m^3/s）；

C——流量系数（或称孔流系数），无因次；

A_0——流量计最小开孔截面面积（m^2），$A_0=(\pi/4)\,d_0^2$；

$P_{上}-P_{下}$——流量计上、下游两取压口之间的压差（Pa）；

ρ——水的密度（kg/m^3）；

ρ_A——U 形管压差计内指示液的密度（kg/m^3）；

R——U 形管压差计读数（m）。

式（2-17）也可以写成以下形式：

$$C = \frac{V_s}{A_0\sqrt{\frac{2gR(\rho_A-\rho)}{p}}} \tag{2-18}$$

若采用倒置 U 形管测量压差：

$$P_{上} - P_{下} = gR\rho$$

则流量系数 C 与流量的关系为

$$C = \frac{V_s}{A_0\sqrt{2gR}} \tag{2-19}$$

用体积法测量流体的流量 V_s，可由下式计算：

$$V_s = \frac{V}{10^3\times\Delta t} \tag{2-20}$$

$$V = \Delta h\times A \tag{2-21}$$

式中　V_s——水的体积流量（m^3/s）；

Δt——计量桶接收水所用的时间（s）；

A——计量桶计量系数；

Δt——计量桶液面计终了时刻与初始时刻的高度差（mm），$\Delta h=h_2-h_1$；

V——在 Δt 时间内计量桶接收的水量（L）。

改变一个流量，则在压差计上有一对应的读数，将压差计读数 R 和流量 V_s 绘制成一条曲线，即流量标定曲线。同时，用式（2-18）或式（2-19）整理数据，可进一步得到流量系数 C 与雷诺数 Re 的关系曲线，即

$$Re=\frac{du\rho}{\mu} \tag{2-22}$$

式中　d——实验管直径（m）；

u——水在管中的流速（m/s）。

（2）实训步骤。

1）检查各阀门的开关状态，并打开阀 VA104、VA111、VA112、VA114、VA116、VA117、VA118、VA119、VA121、VA123，关闭阀 VA108、VA103、VA109、VA113。

2）在仪表台上打开电动调节阀电源开关，开启调节阀电源。

3）在桌面上双击“流量输送实训软件之流量计校核实验软件”图标，进入 MCGS 组态环境，如图 2-21 所示。

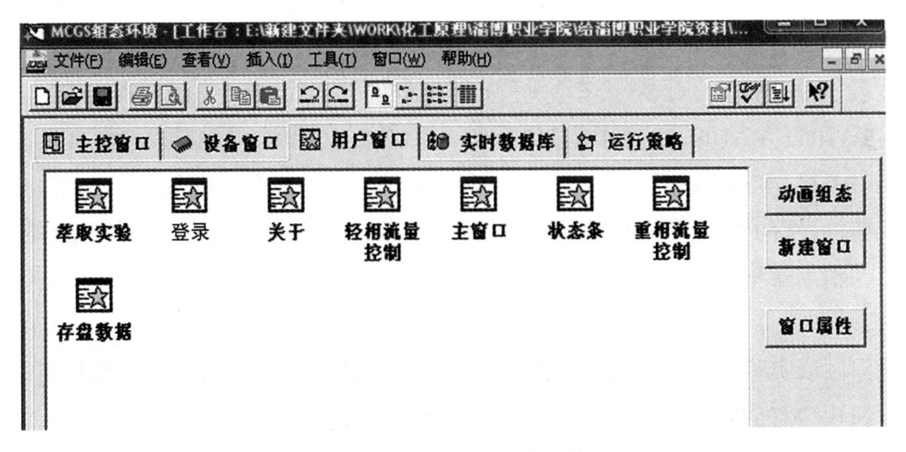

图 2-21　MCGS 组态环境

4）执行“文件”→“运行环境”菜单命令或按 F5 键进入运行环境，输入班级、姓名、学号后（装置号使用默认数值），单击“确定”按钮，进入实训软件界面，监控软件就启动了。

5）在仪表台上按下“1 号离心泵启动”按钮，启动 1 号离心泵。

6）在仪表台上设定“1 号离心泵流量手自动调节仪”设定值，设定到需要调节的流量，流量从大到小调节，先设定 8 m^3/h，待流量稳定后，各数值稳定时，单击“数据采

集”按钮，采集该流量下的离心泵的流量、孔板压差、流体温度。

7）改变流量为 6 m³/h，待流量稳定后，各数值稳定时，单击“数据采集”按钮，采集该流量下的离心泵的各参数。

8）改变一组流量为 4 ～ 8 m³/h 测 3 ～ 4 组数据，然后打开数据处理软件，对实验数据进行处理（表 2–10）。

表 2–10　流量计校核实验数据记录表

班级:__________　　姓名:__________　　学号:__________　　装置号:__________

序号	温度 /℃	流量 /（$m^3 \cdot h^{-1}$）	压差 /kPa

7. 真空泵输送实验

（1）检查各阀门的开关状态。打开阀 VA604、VA603、VA605，关闭阀 VA602、VA601、VA606、VA607。

（2）仪表台上按下真空泵电源启动按钮，启动真空泵。

（3）真空罐抽真空，随着真空度的增大，液体流量也变大。

8. 压力输送实验

（1）检查各阀门的开关状态。打开阀 VA601、VA604，关闭阀 VA602、VA102、VA104、VA105、VA108、VA112、VA109、VA123、VA308、VA403、VA205、VA111、VA201、VA607、VA603。

（2）在仪表台上按下空压机电源启动按钮，关闭压力罐上所有阀门，启动空压机。

（3）往清水罐里加压，随着压力的增大，打开阀 VA603，随着压力变化，液体流量也变化。

注意：做该实验时，需关闭所有阀门，让空压机的压力进入清水罐一段时间，清水罐内压力达到 0.4 MPa 时，才能开启阀 VA603 做压力实验。

9. 离心泵并联实验

（1）打开阀 VA101、VA102、VA201、VA204，关闭阀 VA103、VA105、VA202、VA203、VA205。

（2）打开控制柜电源，启动 1 号离心泵和 2 号离心泵，打开阀 VA103、VA202。记录两泵并联后的压头和流量，比较与单台泵的压头、流量有什么区别。

10. 离心泵串联实验

（1）打开阀 VA201、VA203、VA103，关闭阀 VA202、VA205、VA204、VA101、

VA102、VA105。

（2）打开控制柜电源，启动 2 号离心泵，打开阀 VA202，观察 2 号离心泵出口压力，再启动 1 号离心泵。记录两泵串联后的压头和流量，比较与单台泵的压头、流量有什么区别。

11. 离心泵气蚀实验

离心泵气蚀

（1）打开阀 VA101，把阀 VA102 打开得比较小，即不是全关，关闭阀门 VA105、VA203、VA204，打开控制柜电源，启动 1 号离心泵，打开阀 VA103，把流量调节到最大。

（2）打开气蚀电磁阀电源开关，电磁阀为常开电磁阀，通电后电磁阀阀门就关闭，1 号离心泵的进口管路只流经阀门 VA102，而阀门 VA102 打开得很小，造成 1 号离心泵进口处的负压很大，低于水的饱和蒸气压，造成气蚀现象。

（3）观察气蚀情况下，1 号离心泵压头和流量情况，以及泵体是否存在异常情况。

注意：开的时间不能长，防止气蚀现象对离心泵的破坏。

12. 离心泵气缚实验

离心泵气缚

（1）打开阀 VA101、VA102、VA103，关闭阀 VA105、VA203、VA204。打开控制柜电源，启动 1 号离心泵。

（2）打开空压机电源，空压机工作到一定的压力。

（3）打开电磁阀 VA115 电源，电磁阀 VA115 为常闭电磁阀，通电后电磁阀阀门就打开，压缩空气就进入 1 号离心泵的进口管道，大量的气体进入离心泵，就产生了气缚现象。

（4）由于气缚对离心泵的破坏比较大，时间一定要短，观察泵在气缚情况下，泵的压头和流量。

13. 孔板流量系数实验

孔板测量流量原理：流体通过节流式流量计时，在流量计上、下游两取压口之间产生压差，它与流量有以下关系：

$$V_s = CA_0\sqrt{\frac{2(P_{上} - P_{下})}{\rho}} \tag{2-23}$$

流量由涡轮流量计测出，压差由差压变送器测出。

孔板流量系数测量步骤如下：

（1）打开阀 VA101、VA102、VA104、VA105、VA106、VA108、VA109、VA110、VA111、VA112，关闭阀 VA103、VA107、VA203、VA204。

（2）打开控制柜电源，按下“1 号离心泵启动”按钮，启动 1 号离心泵。

（3）调节阀门 VA112，在差压变送器测量范围内，从最大的流量开始测量，每隔 1 m^3/h，测量一组孔板两端的压差，最小测量流量为 2 m^3/h。

（4）测量完毕后，关闭阀门 VA112，按下“1 号离心泵停止”按钮。

（5）把测量的数据输入表 2-11 中，并算出孔板流量系数。

表 2-11　测量数据表

序号	温度 /℃	流量 /（$m^3 \cdot h^{-1}$）	压差 /kPa

14. 正常停车

（1）停止离心泵。在仪表操作台上按下离心泵电源停止按钮，离心泵停止运行。

（2）停止旋涡泵。在仪表操作台上按下旋涡泵电源停止按钮，旋涡泵停止运行。

（3）停止真空泵。在仪表操作台上按下真空泵电源停止按钮，真空泵停止运行。

（4）停止空压机。在仪表操作台上按下空压机电源停止按钮，空压机停止运行。

（5）停止电动调节阀。在仪表操作台上关闭电动调节阀电源开关，电动调节阀停止运行。

（6）仪表电源关闭。关闭仪表电源开关。

（7）控制柜总电源关闭。关闭总电源空气开关，关闭整个设备电源。

15. 紧急停车

遇到下列情况之一者，应紧急停车处理：

（1）泵内发出异常的声响；

（2）泵突然发生剧烈震动；

（3）电动机电流超过额定值持续不降；

（4）泵突然不出水；

（5）空压机有异常的声音。

16. 实训报告要求

认真、如实填写操作报表，总结流体输送操作经验，重点分析输送路线进行切换的操作要点。

四、任务评价

流体输送操作考核评分表见表 2-12。

表 2-12　流体输送操作考核评分表

（考核时间：60 min）

序号	考核内容	考核要点	配分	评分标准	检测结果	得分	备注
1	准备工作	穿戴劳保用品	3	未穿戴整齐扣 3 分			
2		人员分工等	2	分工不明确扣 2 分			
3	操作程序	检查现场相关设备、仪表和控制台仪电系统是否完好备用	3	漏查 1 项扣 1 分			
4		检查所有阀门开关状态是否处于正确状态	5	漏查 1 道阀门扣 0.5 分			
5		正确开启电源	5	不正确 1 项扣 1 分			
6		正确开启电动调节阀	10	不按要求操作扣 1 ～ 10 分			
7		规范开启泵	5	不按要求操作扣 1 ～ 5 分			
8		正确调节流量	10	不按要求操作扣 1 ～ 10 分			
9		正确调节流速大小	10	不按要求操作扣 1 ～ 10 分			
10		规范操作管道阀门	10	不按要求操作扣 1 ～ 10 分			
11		正确开启实验软件	5	不按要求操作扣 1 ～ 5 分			
12		操作实验软件进行相关实验	10	不按要求操作扣 10 分			
13		关闭仪表电源	5	不按要求操作扣 1 ～ 5 分			
14		现场阀门归为初始状态	3	漏 1 道阀门扣 0. 5 分			
15		控制台仪表设定值归零	2	漏 1 块仪表扣 1 分			
16		关闭总电源	2	不按要求操作扣 2 分			
17		计算实验数值	10	方法错扣 5 ～ 10 分，结果错扣 2 分			
18	安全及其他	按照国际法规或者有关规定	—	违规一次总分扣 5 分，严重违规停止操作，总分为零分			
19		在规定时间内完成操作	—	每超过 1 min 总分扣 5 分，超过 3 min 停止操作			
合计							

五、总结反思

（1）如何检验管路系统内的空气已经被排除干净？

（2）试从所测实训数据分析，离心泵在启动时为什么要关闭出口阀门？

（3）启动离心泵之前为什么要引水灌泵？如果灌泵后，离心泵依然启动不起来，你认为可能的原因是什么？

（4）为什么用泵的出口阀门调节流量？这种方法有什么优、缺点？是否还有其他方法调节流量？

（5）离心泵启动后，出口阀如果打不开，压力表读数是否会逐渐上升？为什么？

（6）什么情况下会出现气蚀现象？

（7）为什么在离心泵吸入管路上安装底阀？

（8）测定离心泵的特性曲线为什么要保持转速的恒定？

（9）自我评价。根据评价结果，总结自我不足。

任务2.2 传 热

职业技能目标

化工总控工职业标准（中级）如表2-13所示。

表2-13 化工总控工职业标准（中级）

<table>
<tr><th>序号</th><th>职业功能</th><th>工作内容</th><th>技能要求</th></tr>
<tr><td rowspan="3">1</td><td rowspan="3">一、开车准备</td><td>（一）工艺文件准备</td><td>（1）能识读并绘制带控制点的工艺流程图（PID）；
（2）能绘制主要设备结构简图；
（3）能识记工艺技术规程</td></tr>
<tr><td>（二）设备检查</td><td>（1）能完成本岗位设备的查漏、置换操作；
（2）能确认本岗位电气、仪表是否正常；
（3）能检查确认安全阀、爆破膜等安全附件是否处于备用状态</td></tr>
<tr><td>（三）物料准备</td><td>能将本岗位原料、辅料引进界区</td></tr>
<tr><td rowspan="3">2</td><td rowspan="3">二、总控操作</td><td>（一）开车操作</td><td>（1）能按操作规程进行开车操作；
（2）能将各工艺参数调节至正常指标范围</td></tr>
<tr><td>（二）运行操作</td><td>（1）能操作总控仪表、计算机控制系统对本岗位的全部工艺参数进行跟踪监控和调节，并能指挥进行参数调节；
（2）能根据中控分析结果和质量要求调整本岗位的操作</td></tr>
<tr><td>（三）停车操作</td><td>（1）能按操作规程进行停车操作；
（2）能完成本岗位介质的排空、置换操作；
（3）能完成本岗位机、泵、管线、容器等设备的清洗、排空操作；
（4）能确认本岗位阀门处于停车时的开闭状态</td></tr>
</table>

学习目标

知识目标

1. 了解换热器换热的原理，认识各种传热设备的结构和特点；
2. 认识传热装置流程及各传感器检测的位置、作用和各显示仪表的作用等；
3. 了解影响传热的主要影响因素；
4. 掌握换热系数 K 计算方法及意义；
5. 了解逆流、顺流对换热效果的影响；
6. 了解挡流板的作用及强化传热的途径；
7. 掌握工业现场生产安全知识。

能力目标

1. 掌握传热设备的基本操作、调节方法；
2. 学会做好开车前的准备工作；

3. 正常开车，按要求操作调节到指定数值；

4. 能正确使用设备、仪表，及时进行设备、仪器、仪表的维护与保养；

5. 能掌握现代信息技术管理能力，应用计算机对现场数据进行采集、监控；

6. 正确填写生产记录，及时分析各种数据；

7. 能正常停车。

素质目标

1. 通过传热单元操作实训，学生深入理解传热的基本原理，具有理论联系实际的能力；

2. 通过传热单元操作实训，学生掌握传热单元设备的正确操作，具有操作能力、数据处理能力、解决问题能力；

3. 在进行传热单元操作时，学生遵守实训室安全规定，增强学生的安全意识、对实训设备的维护意识；

4. 在传热单元操作实训中，通过鼓励学生思考传热过程的优化方案，培养学生的创新思维、批判性思维和团队协作精神。

任务导入

传热现象无时无处不在，它的影响遍及现代绝大多数的工业部门，也渗透到农业、林业等许多技术部门。可以说，除了极个别的情况以外，很难发现一个行业、部门或者工业过程和传热完全没有任何关系。传统工业领域，像能源动力、冶金、化工、交通、建筑建材、机械以及食品、轻工、纺织、医药等都要用到许多传热的有关知识。本任务研究传热在化工生产领域的应用，以学校生产性实训装置为载体，以化工总控工职业标准为能力目标，将职业技能和相关知识的学习融入实际生产任务中，实现“做中学，学中做”。以学校传热实训装置的开、停车为任务，培养完成任务需要的职业技能。

任务描述

以传热实训装置为基础，完成以下任务：

1. 认识传热设备；

2. 识读并绘制带控制点的工艺流程图；

3. 学会传热装置开、停车流程；

4. 控制设备参数，分析实验结果。

课前预习

1. 与板式换热器、螺旋板式换热器比较，列管式换热器有什么优、缺点？

2. 实际运行时，空气出口温度稳定吗？若不稳定是什么原因？有何改进措施？

知识准备

一、传热工艺流程

传热工艺流程如图 2-22 所示。

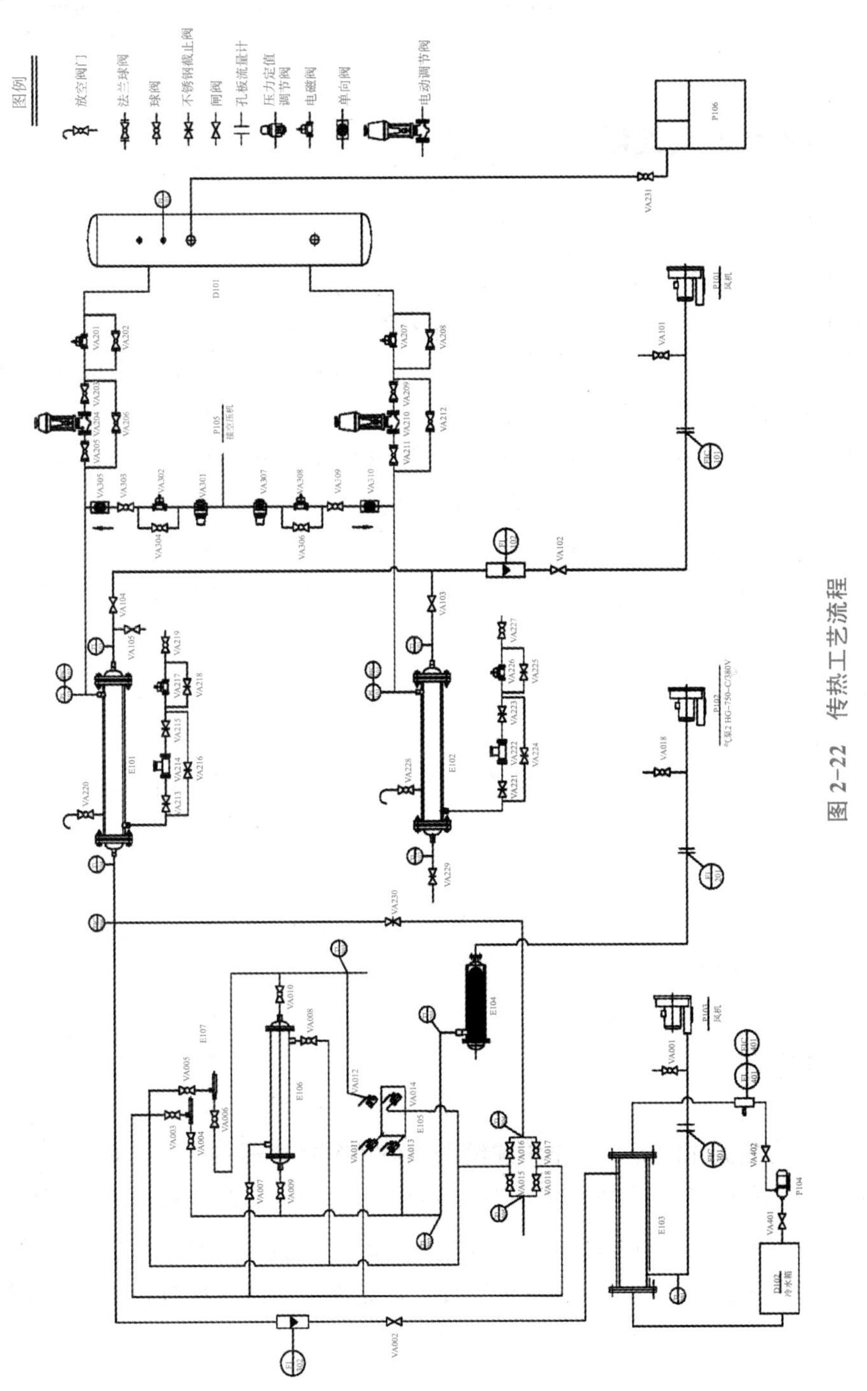

图 2-22 传热工艺流程

本换热器性能测试实验装置，主要对应用较广的间壁式换热器中的三种换热器（套管式换热器、板式换热器和列管式换热器）进行其性能的测试。其中，对套管式换热器、板式换热器和列管式换热器可以进行顺流和逆流两种方式的性能测试。

换热器性能实验的内容主要为测定换热器的总传热系数、对数传热温差和热平衡误差等，并就不同换热器、不同流动方式、不同工况的传热情况和性能进行比较和分析。

二、数据计算及处理

1. 数据计算

热流体放热量（kJ）： $Q_1=C_{p1}m_1(T_1-T_2)$

冷流体放热量（kJ）： $Q_2=C_{p2}m_2(t_1-t_2)$

对数传热温差（℃）：$\Delta_1=(\Delta T_2-\Delta T_1)/\ln(\Delta T_2-\Delta T_1)=(\Delta T_1-\Delta T_2)/\ln(\Delta T_1-\Delta T_2)$

传热系数 [W/（m² · ℃）]： $K=Q/(F\cdot\Delta_1)$

式中 C_{p1}、C_{p2}——热、冷流体的定压比热［kJ/（kg · ℃）］；

m_1、m_2——热、冷流体的质量流量（kg/s）；

T_1、T_2——热流体的进、出口温度；

t_1、t_2——冷流体的进、出口温度；

$\Delta T_1=T_1-t_2$；

$\Delta T_2=T_2-t_1$；

F——换热器的换热面积（m²）。

注：热、冷流体的 m_1、m_2 是根据修正后的流量计体积流量读数 V_1、V_2 再换算成的质量流量值。

2. 绘制传热性能曲线，并做比较

（1）以传热系数为纵坐标，冷（热）流体流量为横坐标绘制传热性能曲线；

（2）对三种不同形式的换热器传热性能进行比较。

三、换热器

传热单元操作实训装置

换热器是将热流体的部分热量传递给冷流体的设备，又称热交换器。换热器的应用十分广泛，日常生活中取暖用的暖气散热片、汽轮机装置中的凝汽器和航天火箭上的油冷却器等，都是换热器。它还广泛应用于化工、石油、动力和原子能等工业部门。它的主要功能是保证工艺过程对介质所要求的特定温度，同时也是提高能源利用率的主要设备之一。换热器既可是一种单独的设备，如加热器、冷却器和凝汽器等；也可是某一工艺设备的组成部分，如氨合成塔内的热交换器。

1. 套管式换热器

套管式换热器是由直径不同的直管制成的同心套管，并由 U 形弯头连接而成，如图 2–23 所示。在这种换热器中，一种流体走管内，另一种流体走环隙，两者皆可得到较高的流速，故传热系数较大。另外，在套管式换热器中，两种流体可为纯逆流，对数平均推动力较大。

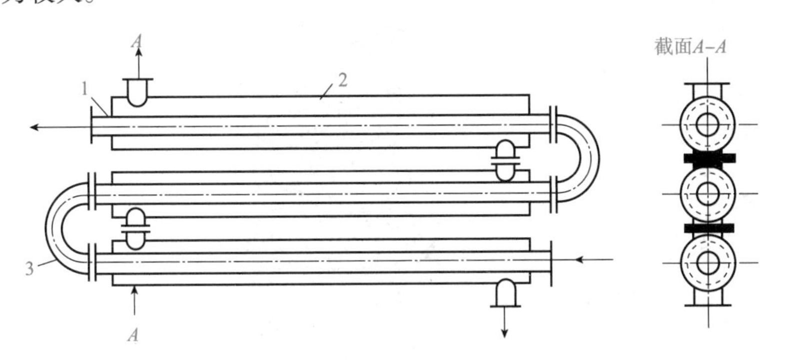

图 2–23　套管式换热器结构

1—内管；2—外管；3—U 形管

套管式换热器 1

套管式换热器 2

套管式换热器结构简单，能承受高压，应用也方便（可根据需要增减管段数目）。特别是由于套管式换热器同时具备传热系数大、传热推动力大及能够承受高压的优点，故在超高压生产过程（例如操作压力为 300 MPa 的高压聚乙烯生产过程）中所用的换热器绝大多数是套管式。

2. 列管式换热器（管壳式换热器）

列管式（又称管壳式）换热器是最典型的间壁式换热器，它在工业上的应用有着悠久的历史，而且至今仍在所有换热器中占据主导地位。

单程列管式换热器

列管式换热器主要由壳体、管束、管板和封头等部分组成，壳体多呈圆形，内部装有平行管束，管束两端固定于管板上。在列管式换热器内进行换热的两种流体，一种在管内流动，其行程称为管程；另一种在管外流动，其行程称为壳程，管束的壁面即为传热面，如图 2–24 所示。

单壳双管式换热器

为提高管外流体传热系数，通常在壳体内安装一定数量的横向折流挡板，如图 2–25 所示。折流挡板不仅可防止流体短路、增加流体速度，还迫使流体按规定路径多次错流通过管束，使湍动程度大为增加。常用的挡板有圆缺形和圆盘形两种，前者应用更为广泛。

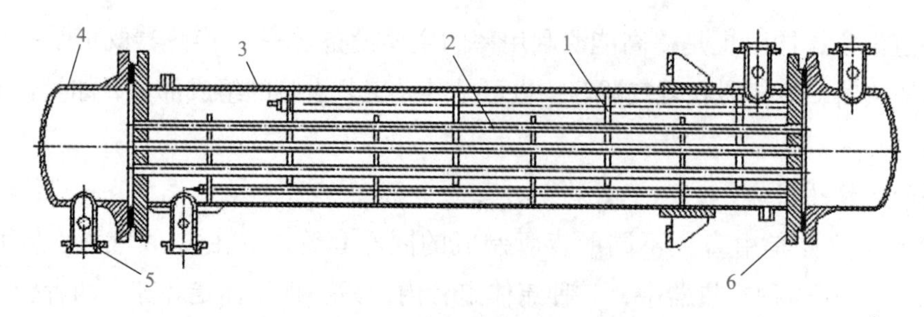

图 2-24　列管式换热器结构

1—折流挡板；2—管束；3—壳体；4—封头；5—接管；6—管板

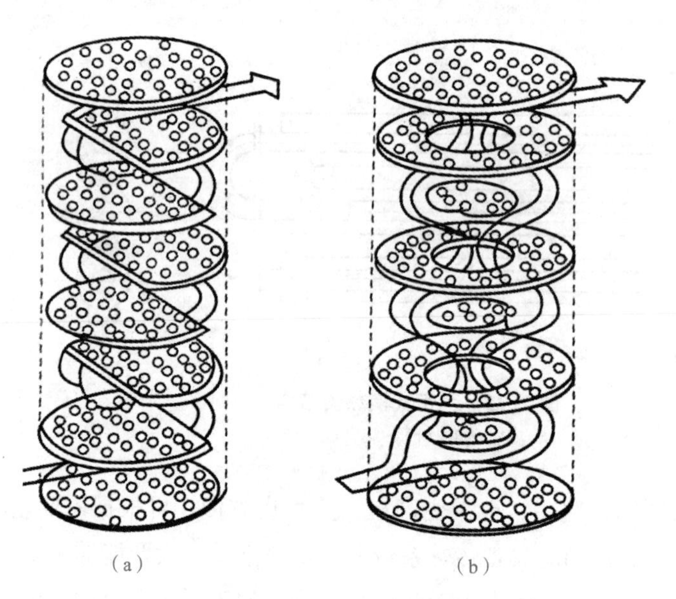

图 2-25　流体的折流及折流挡板的形式

(a) 圆缺形；(b) 圆盘形

流体在管内每通过管束一次称为一个管程，每通过壳体一次称为一个壳程。为提高管内流体的速度，可在两端封头内设置适当隔板，将全部管子平均分隔成若干组。这样，流体可每次只通过部分管子而往返管束多次，称为多管程；同样，为提高管外流速，可在壳体内安装纵向挡板使流体多次通过壳体空间，称为多壳程。

3. 板式换热器

BR 系列板式换热器由固定压紧板、换热板片、橡胶垫片、活动压紧板、法兰接管、上导杆、下导杆、框架和压紧螺栓组成，如图 2-26 所示。换热板片采用进口不锈钢板压制成人字形波纹，使流体在板间流动时形成紊流，提高换热效果，相邻板片的人字形波纹相互交叉形成大量触点，提高了板片组的刚度和承受较大压力的能力。橡胶垫片为双道密封结构，并设有安全区和信号槽，使两种介质不会发生混淆。

固定管板式换热器

板式换热器的流程分为 a 片和 b 片两种。a 片是串联流程，有 7 块板为 3 个流程，每个流程均为一个通道，流经每一个通道即改变方向；b 片是并联流程，有 7 块板，冷、热流体分别流入平行的 3 个通道而形成一股流体流至出口。板片的流程和通道数量应根据热力学和流体力学计算确定，通常采用分子式来表示，分子表示热流体的程数和通道数，分母表示冷流体的程数和通道数。图 2–27 分别表示 a$\left(\frac{3\times1}{3\times1}\right)$、b$\left(\frac{1\times3}{1\times3}\right)$流程的板式换热器。

板式换热器

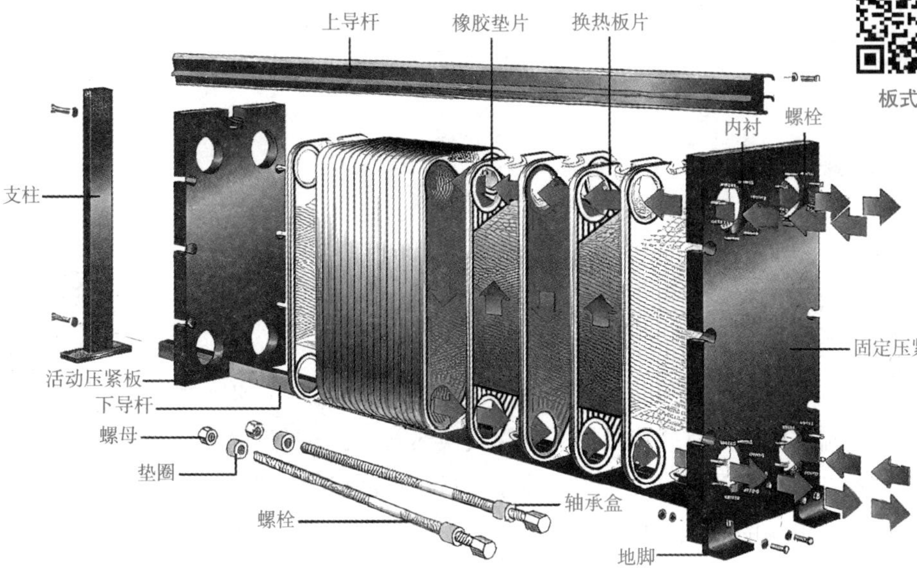

图 2–26　板式换热器结构

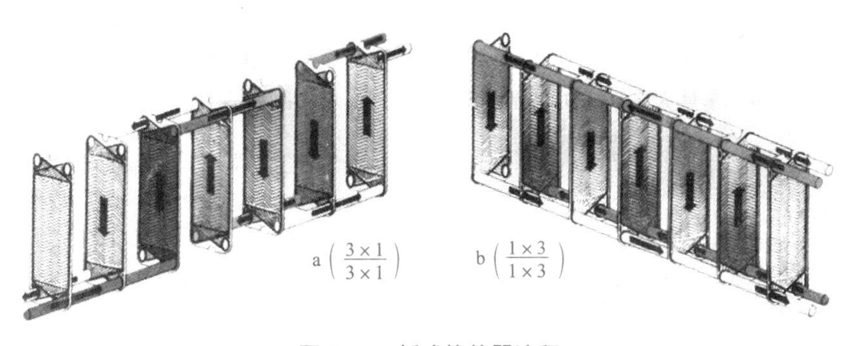

图 2–27　板式换热器流程

四、安全要点

（1）装置中所用加热介质为水蒸气，温度较高，因此人不能站在水蒸气、热空气和疏水器排液出口处，以免烫伤。

（2）监视温度、压力、流量等参数，严禁超温、超压、超负荷操作。空气出口温度≤ 90 ℃，蒸汽压力≤ 100 kPa（表压），列管式换热器空气流量为 40 ～ 100 m^3/h，板式、螺旋板式换热器空气流量为 10 ～ 40 m^3/h。

（3）换热器投用时，一般应先通冷流体，后通热流体。通入热蒸汽时，最后打开蒸汽分配器出口总阀，以防止憋压。开启蒸汽分配器出口总阀时，注意慢慢旋至全开，以逐渐升温升压，防止水击，防止温度骤然变化损坏金属设备。

（4）通入冷空气时，先打开旋涡泵出口、列管式换热器空气进出口阀门，保证泵出口畅通，然后启动旋涡泵，以防止憋压。

任务实践

一、任务实施

1. 开车准备

（1）检查公用工程水电是否处于正常供应状态（水压、水位是否正常，电压、指示灯是否正常）。

综合传热实训的开、停车操作与调节

（2）熟悉设备工艺流程图，各个设备组成部件所在位置（如蒸汽发生器、空压机、疏水阀、列管式换热器、套管式换热器、板式换热器等）。

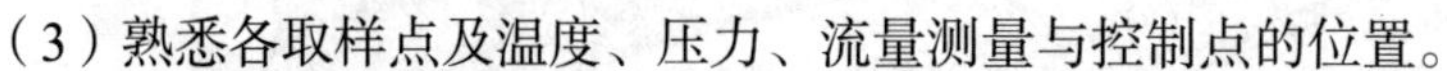

（3）熟悉各取样点及温度、压力、流量测量与控制点的位置。

（4）检查总电源的电压情况是否良好。

2. 正常开车

（1）开启电源。

1）在仪表操作盘台上，开启总电源开关，此时总电源指示灯亮。

2）开启仪表电源开关，此时仪表电源指示灯亮，且仪表通电。

（2）开启计算机，启动监控软件。

1）打开计算机电源开关，启动计算机。

2）在桌面上双击“传热实训软件”图标，进入 MCGS 组态环境，如图 2-28 所示。

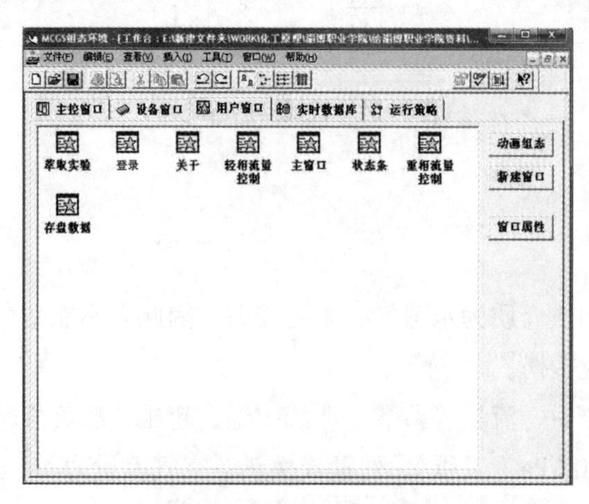

图 2-28 MCGS 组态环境

列管换热实训的开、停车操作与调节训练

3）执行“文件”→“运行环境”菜单命令或按 F5 键进入运行环境，如图 2-29 所示，输入班级、姓名、学号（装置号使用默认数值）后，单击“确认”按钮，进入图 2-30 界面，单击桌面的“传热单元操作实训”按钮进入实训软件界面，如图 2-31 所示，监控软件就启动了。

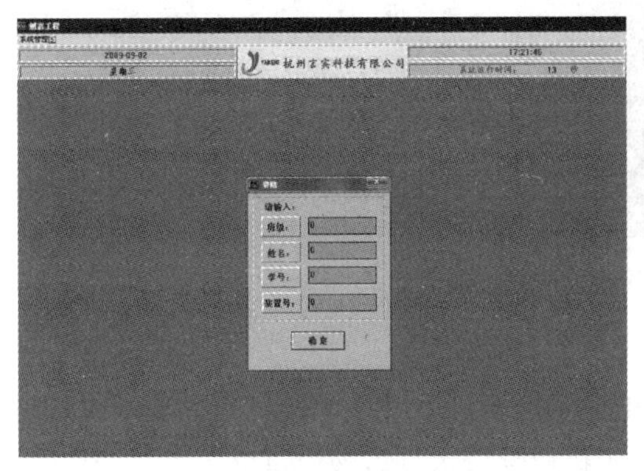

图 2-29　监控软件登录界面

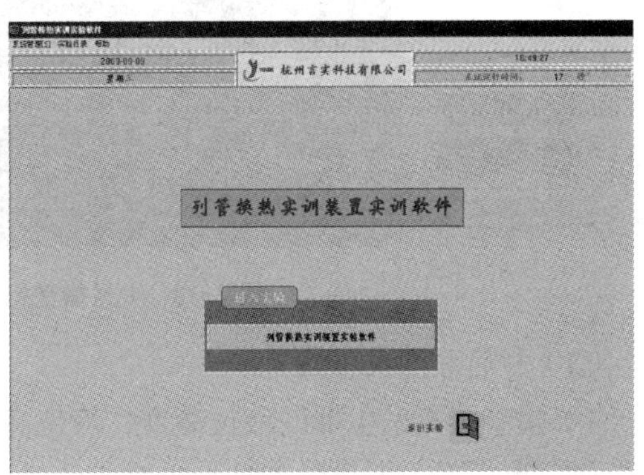

图 2-30　监控软件实训项目选择界面

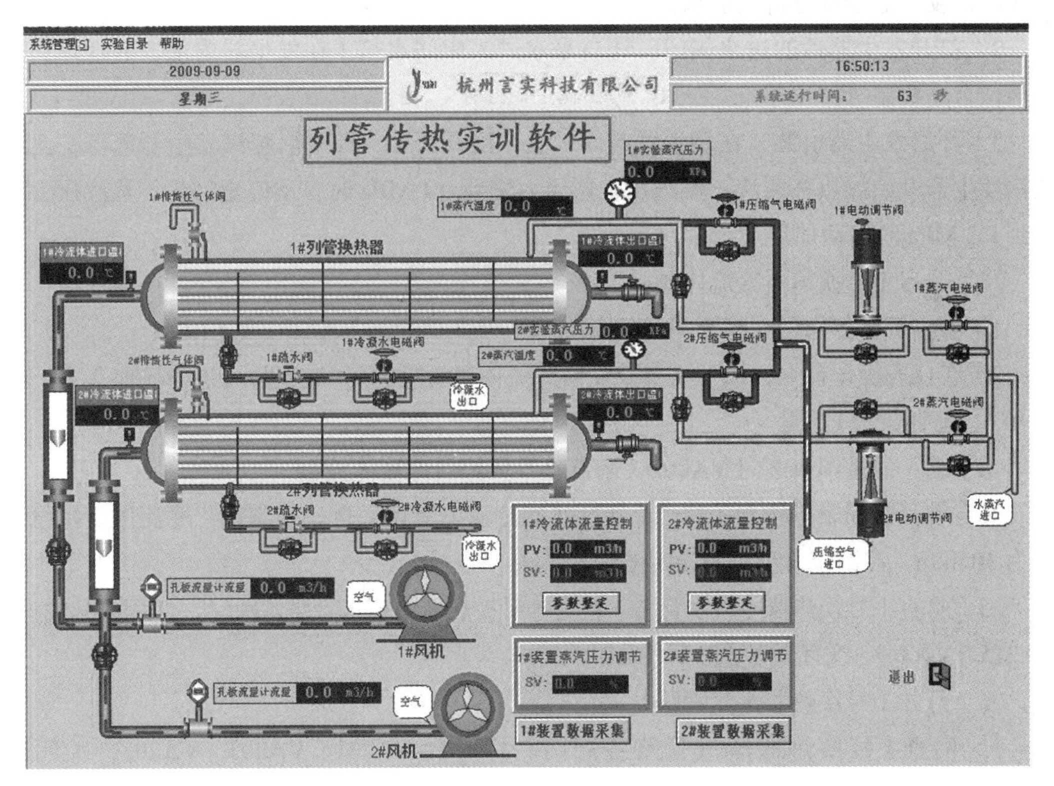

图 2-31　传热单元操作实训软件界面

4）图 2-32 中，PV 表示实际测量值，SV 表示设定值。单击“参数整定”按钮将打开控制界面，如图 2-32 所示，OP 表示输入值；可对控制的 PID 参数进行设置，一般不设置。

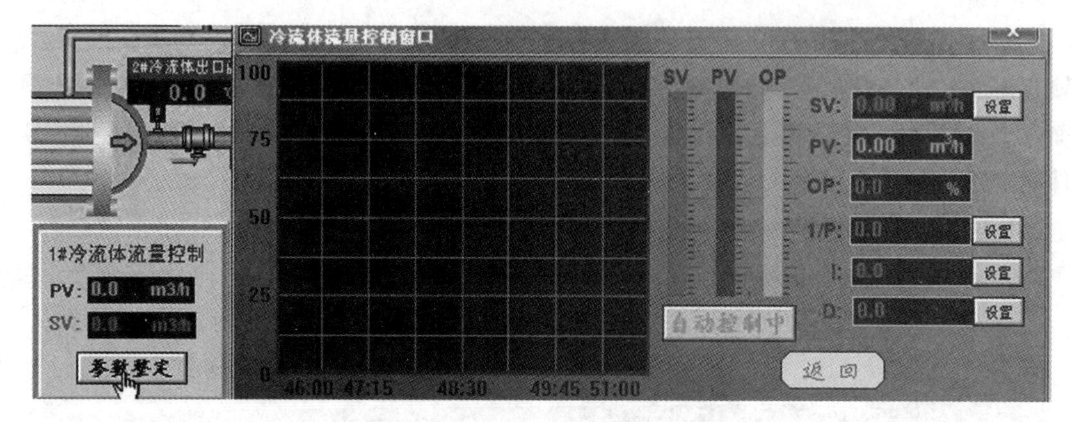

图 2-32　1 号换热器冷流体流量控制窗口

（3）开启蒸汽发生器。

1）检查蒸汽发生器的液位高度，液位高度应为玻璃液位计中间的位置。若液位过高，则需打开发生器上的排空阀及发生器下的排污阀排放部分水；若液位过低，当打开发生器电源时，发生器会进行自动加水。

2）打开发生器后的进水阀门，让自来水进入中间水箱（在发生器内部，有浮球阀进行液位自动控制）。

3）开启发生器电源。在发生器前面板上，旋开开关，即开启蒸汽发生器电源，此时蒸汽发生器开始加热烧蒸汽，蒸汽发生器压力烧到 0.4 MPa 时自动停止加热，蒸汽压力下降到 0.3 MPa 时启动加热。

（4）开启 1 号换热器冷流体风机。

1）检查管路各阀门。打开阀 VA002、VA105，关闭阀 VA230、VA104。

2）在仪表操作台上，按下 1 号换热器冷流体风机电源启动按钮，启动风机。

3）调整冷空气流量。

①手动。通过调节阀门 VA002，调节 1 号换热器冷流体流量。

②自动。在仪表操作台上将“1 号换热器冷流体流量手自动控制仪”冷流体设定值设定为 50 m^3/h，控制仪自动控制设定的流量值。

（5）检查 1 号换热器冷凝水管路。检查 1 号换热器冷凝水管路各阀门，打开阀 VA213、VA215、VA219，关闭阀 VA216、VA218。

（6）打开 1 号换热器蒸汽管路。

1）检查 1 号换热器蒸汽管路各阀门，打开阀 VA231、VA203、VA205，关闭阀 VA202、VA206，调节 1 号换热器不凝性气体阀 VA220 大小。

2）在装置二层平台上调节相应的蒸汽调压阀，调节一定的蒸汽压力，如图 2-33 所示。

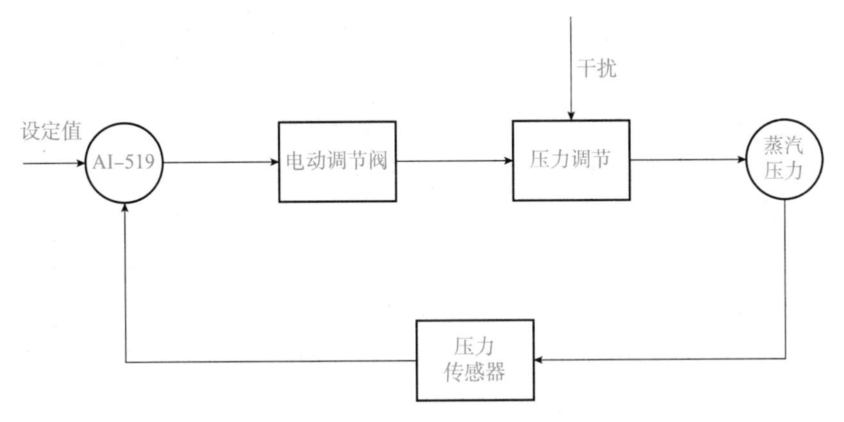

图 2-33　蒸汽调压阀原理

（7）1 号换热器数据记录。

1）调节不同的冷流体流量，稳定 15 min，记录冷流体流量、蒸汽压力、冷流体进出口温度。

2）调节不同的蒸汽压力，稳定 15 min，记录冷流体流量、蒸汽压力、冷流体进出口温度。

（8）开启 2 号换热器冷流体风机。

1）检查 2 号换热器管路各阀门，打开阀 VA102、VA103、VA229，关闭阀 VA104。

2）在仪表操作台上，按下 2 号换热器冷流体风机电源启动按钮，启动风机。

3）调整冷空气流量。

①手动。通过调节阀门 VA102，调节 2 号换热器冷流体流量。

②自动。在仪表操作台上将“2 号换热器冷流体流量手自动控制仪”冷流体设定值设定为 50 m^3/h，控制仪自动控制设定的流量值。

（9）检查 2 号换热器冷凝水管路。检查 2 号换热器冷凝水管路各阀门，打开阀 VA221、VA223、VA227，关闭阀 VA224、VA225。

（10）打开 2 号换热器蒸汽管路。

1）检查 2 号换热器蒸汽管路各阀门，打开阀 VA231、VA209、VA211，关闭阀 VA208、VA212，调节 2 号换热器不凝性气体阀 VA228 大小。

2）在装置二层平台上调节相应的蒸汽调压阀，调节一定的蒸汽压力。

（11）2 号换热器数据记录。

1）调节不同的冷流体流量，稳定 15 min，记录 2 号换热器冷流体流量、蒸汽压力、冷流体进出口温度。

2）调节不同的蒸汽压力，稳定 15 min，记录 2 号换热器冷流体流量、蒸汽压力、冷流体进出口温度。

（12）冷却水系统开启。

1）检查冷却水水箱里水的液位高低，液位过低，则打开自来水进水阀门，往水箱里加水。

2）检查冷却水管路各阀门，打开阀 VA401、VA402。

3）在仪表操作台上按下冷却水泵电源启动按钮，启动冷却水泵电源。

（13）综合换热实验。

1）检查冷流体流量管路各阀门，打开阀 VA002、VA230、VA016、VA018，以及板式换热器实验阀（VA014、VA011）[列管式换热器实验阀（VA008、VA007）、套管式换热器实验阀（VA005、VA003）]；关闭阀 VA015、VA017 及其他换热器冷流体进出阀门（VA008、VA007、VA005、VA003）。

2）开启 2 号换热器冷流体风机。在仪表操作台上，按下 1 号换热器冷流体风机电源启动按钮，启动风机。

3）冷流体流量控制。

①手动。通过调节阀门 VA002，调节 1 号换热器冷流体流量 30 m^3/h。

②自动。在仪表操作台上将“1 号换热器冷流体流量手自动控制仪”冷流体设定值设定为 30 m^3/h，控制仪自动控制设定的流量值。

4）检查热流体流量管路各阀门，打开板式换热器实验阀（VA013、VA012）[列管式换热器实验阀（VA009、VA010）、套管式换热器实验阀（VA004、VA006）]；关闭其他换热器热流体进出阀门（VA009、VA010 、VA004、VA006）。

5）开启热流体流量风机。在仪表操作台上打开综合换热热流体风机电源开关，启动综合换热热流体风机。

6）启动加热管电源。在仪表操作台上按下综合换热加热管电源启动按钮，启动综合换热加热管，开始加热。

7）综合换热加热管温度控制。在仪表操作台上“综合换热热流体温度手自动控制仪”设定热流体温度为 70 ℃，控制仪就自动对热流体温度进行控制，如图 2-34 所示。

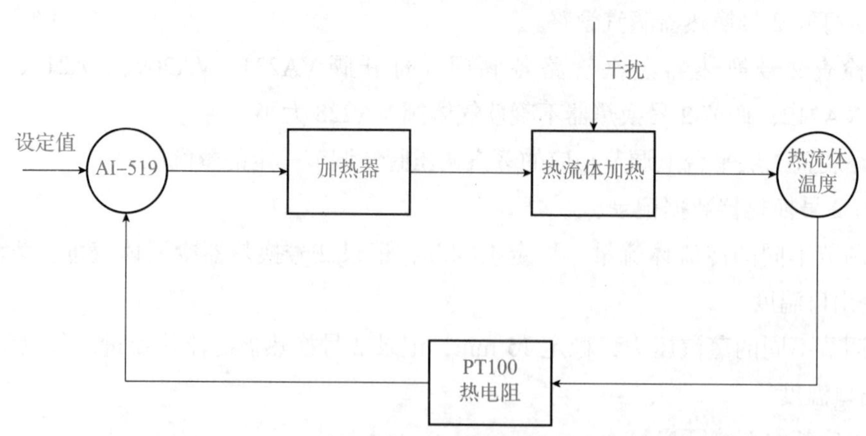

图 2-34　综合换热热流体温度控制仪原理

8）当加热管温度稳定在 70 ℃左右时，让系统稳定 15 min，记录板式换热器的冷、热流体流量，冷流体进、出口温度，热流体进、出口温度。

9）改变冷流体流量值为 25 m^3/h，稳定 15 min，记录板式换热器的冷、热流体流量，冷流体进、出口温度，热流体进、出口温度；同样，改变热流体流量值，稳定 15 min 后记录相应的实验值。

10）综合换热冷流体顺逆流切换。

①逆流。打开阀 VA016、VA018，关闭阀 VA015、VA017。

②顺流。打开阀 VA015、VA017，关闭阀 VA016、VA018。

3. 正常运行

（1）监视各控制参数是否稳定，观察列管式换热器空气出口温度变化趋势，当其稳定时，将相关参数值记录于表 2-14 中。

表 2-14　实验数据记录表

学校＿＿＿＿＿＿　班级＿＿＿＿＿＿　姓名＿＿＿＿＿＿　学号＿＿＿＿＿＿

换热器名称＿＿＿＿＿＿　环境温度＿＿＿＿＿＿℃

顺逆流	热流体			冷流体		
	进口温度 /℃	出口温度 /℃	流量计读数（$m^3 \cdot h^{-1}$）	进口温度 /℃	出口温度 /℃	流量计读数（$m^3 \cdot h^{-1}$）
顺流						
逆流						

（2）其他参数不变，仅改变空气流量（在 40 ～ 100 m^3/h 任意设定），观察列管式换热器空气出口温度变化趋势，当其稳定时，记录相关参数值。

（3）经常检查冷热流体的进出口温度、压力变化，如有异常，要立即查明原因或报告指导老师，消除故障。

（4）热蒸汽一侧应及时排放冷凝液和不凝气，以免影响传热效果。

4. 正常停车

（1）关闭蒸汽发生器。

1）关闭蒸汽发生器进水口阀门。

2）关闭蒸汽发生器出蒸汽口阀门。

3）关闭发生器上电源开关。

（2）关闭综合换热热流体加热电源。在仪表操作台上按下综合换热加热管电源停止按钮，停止综合换热加热管电源。

（3）关闭1号换热器蒸汽。将1号换热器上针型阀关闭，即可关闭1号换热器的进口蒸汽。

（4）关闭2号换热器蒸汽。将2号换热器上针型阀关闭，即可关闭2号换热器的进口蒸汽。

（5）关闭1号换热器冷流体风机。等换热器冷流体出口温度降低到50 ℃后，在仪表操作台上关闭1号换热器冷流体风机电源开关，关闭1号换热器冷流体风机电源。

（6）关闭2号换热器冷流体风机。等换热器冷流体出口温度降低到50 ℃后，在仪表操作台上关闭2号换热器冷流体风机电源开关，关闭2号换热器冷流体风机电源。

二、任务评价

传热操作考核评分表见表2-15。

表2-15　传热操作考核评分表

（考核时间30 min）

序号	考核内容	考核要点	配分	评分标准	检测结果	得分	备注
1	准备工作	穿戴劳保用品	3	未穿戴整齐扣3分			
2		人员分工等	2	分工不明确扣2分			
3	操作程序	检查现场相关设备、仪表和控制台仪电系统是否完好备用	3	漏查一项扣1分			
4		检查是否除疏水器、电动调节阀的前后阀全开外，其他所有阀门均处于关闭状态	5	漏查一项扣1分			
5		检查蒸汽分配器压力表的示值是否超过0.1 MPa	2	未检查扣2分			
6		规范启动旋涡泵，控制空气流量在指标范围内	10	不按照要求操作扣1～10分			

续表

序号	考核内容	考核要点	配分	评分标准	检测结果	得分	备注
7	操作程序	规范改通蒸汽流程，先预热后升温，先排不凝气，控制蒸汽压力在指标范围内	10	不按照要求操作扣1～10分			
8		监视设备运行及参数变化情况，稳定后做好记录	5	未监视扣2分，少记录1项扣1分，未稳定记录扣5分			
9		主控参数稳定，空气出口温度在规定范围内	10	1项不在指标范围超1 min扣5分			
10		蒸汽一侧适时排不凝气	3	不按照要求操作扣1～3分			
11		冷凝液排放正常	10	排放不畅扣10分			
12		先规范停热流体，后规范停冷流体	10	操作不规范扣5分/项，操作顺序错扣10分			
13		将阀门等归为初始状态	3	漏一道阀门扣1分			
14		控制台仪表设定值归零	2	漏一块仪表扣1分			
15		停仪表电源开关，停总电源开关	2	漏一个开关扣1分			
16		K值计算	20	方法错扣15分，结果错扣5分			
17	安全及其他	按国家法规或有关规定	—	违规一次总分扣5分，严重违规停止操作，总分为零分			
18		在规定时间内完成操作	—	每超过1 min总分扣5分，超过3 min停止操作			
合计							

三、总结反思

根据评价结果，总结自我不足。

任务 2.3　吸收解吸

职业技能目标

化工总控工职业标准（中级）如表 2-16 所示。

表 2-16　化工总控工职业标准（中级）

序号	职业功能	工作内容	技能要求
1	一、开车准备	（一）工艺文件准备	（1）能识读并绘制带控制点的工艺流程图（PID）； （2）能绘制主要设备结构简图； （3）能识读工艺配管图； （4）能识记工艺技术规程
		（二）设备检查	（1）能完成本岗位设备的查漏、置换操作； （2）能确认本岗位电气、仪表是否正常； （3）能检查确认安全阀、爆破膜等安全附件是否处于备用状态
		（三）物料准备	能将本岗位原料、辅料引进界区
2	二、总控操作	（一）开车操作	（1）能按操作规程进行开车操作； （2）能将各工艺参数调节至正常指标范围； （3）能进行投料配比计算
		（二）运行操作	（1）能操作总控仪表、计算机控制系统对本岗位的全部工艺参数进行跟踪监控和调节，并能指挥进行参数调节； （2）能根据中控分析结果和质量要求调整本岗位的操作； （3）能进行物料衡算
		（三）停车操作	（1）能按操作规程进行停车操作； （2）能完成本岗位介质的排空、置换操作； （3）能完成本岗位机、泵、管线、容器等设备的清洗、排空操作； （4）能确认本岗位阀门处于停车时的开闭状态
3	三、事故判断与处理	（一）事故判断	（1）能判断物料中断事故； （2）能判断跑料、串料等工艺事故； （3）能判断停水、停电、停气等突发事故； （4）能判断常见的设备、仪表故障； （5）能根据产品质量标准判断产品质量事故
		（二）事故处理	（1）能处理温度、压力、液位、流量异常等故障； （2）能处理物料中断事故； （3）能处理跑料、串料等工艺事故； （4）能处理停水、停电、停气等突发事故； （5）能处理产品质量事故； （6）能发现相应的事故信号

学习目标

知识目标

1. 了解吸收解吸装置各部分作用、结构和特点及相关工作流程；

2. 掌握吸收解吸装置的基本操作、调节方法及主要影响因素；

3. 掌握吸收解吸装置常见异常现象及处理办法；

4. 了解掌握工业现场生产安全知识。

能力目标

1. 能识读吸收解吸装置工艺流程图、设备示意图、设备平面图和设备布置图；

2. 学会做好开车前的准备工作；

3. 能独立进行吸收装置和解吸装置的开停车操作；

4. 能按要求操作调节，进行正常开车及紧急停车操作；

5. 能及时掌握设备的运行情况，随时发现、判断及处理各种异常现象；

6. 能应用计算机对现场数据进行采集、监控；

7. 能正确使用设备、仪表，及时进行设备、仪器、仪表的维护与保养。

素质目标

1. 掌握吸收解吸过程的物质传递和转化规律，具有理论联系实际的工作能力；

2. 通过独立或合作的方式完成吸收解吸单元操作，具有自我管理能力、团队合作精神以及集体主义意识；

3. 通过发现问题、分析问题和解决问题的过程，具有独立思考并且勇于探索、实践和创新的能力；

4. 严格遵守安全操作规程，培养学生以人为本、生命至上的安全意识；

5. 了解吸收解吸过程对环境的影响；掌握相应的环保措施，具有绿色化工理念。

任务导入

吸收和解吸是石油化工生产过程中较常用的重要单元操作过程。吸收过程是利用气体混合物中各个组分在液体（吸收剂）中的溶解度不同来分离气体混合物。被溶解的组分称为溶质或吸收质，含有溶质的气体称为富气，不被溶解的气体称为贫气或惰性气体。

溶解在吸收剂中的溶质和在气相中的溶质存在溶解平衡，当溶质在吸收剂中达到溶解平衡时，溶质在气相中的分压称为该组分在该吸收剂中的饱和蒸气压。当溶质在气相中的分压大于该组分的饱和蒸气压时，溶质就从气相溶入液相，称为吸收过程。当溶质在气相中的分压小于该组分的饱和蒸气压时，溶质就从液相逸出到气相，称为解吸过程。

提高压力、降低温度有利于溶质吸收，降低压力、提高温度有利于溶质解吸，利用这一原理可分离气体混合物，而吸收剂可以重复使用。

任务描述

1. 识读工艺流程图，识别现场装置、仪表和阀门；
2. 了解并掌握吸收解吸装置的开车准备工作；
3. 了解并掌握吸收装置的正常开车过程；
4. 了解并掌握吸收塔底液封的调节过程；
5. 了解并掌握解吸装置的正常开车过程；
6. 了解并掌握解吸塔底液封的调节过程；
7. 了解并掌握吸收解吸装置的正常停车过程。

课前预习

1. 了解填料塔的结构和特点；
2. 复习吸收解吸的基本原理，了解填料吸收、解吸塔的基本操作和调节方法；
3. 了解相关设备、仪表的正确使用方法，以及调节、维护与保养注意事项；
4. 重点了解装置的各种异常现象有哪些，以及特殊情况下的处置方法有哪些；
5. 了解吸收解吸装置的工业应用；
6. 了解安全生产相关知识。

知识准备

气体吸收是典型的传质过程之一。由于 CO_2 气体无味、无毒、低价，所以气体吸收实验常选择 CO_2 作为溶质组分。本实验采用水吸收空气中的 CO_2 组分。一般 CO_2 在水中的溶解度很小，即使预先将一定量的 CO_2 气体通入空气混合，以提高空气中的 CO_2 浓度，水中的 CO_2 含量仍然很低，所以吸收的计算方法可按低浓度来处理，并且此体系 CO_2 气体的解吸过程属于液膜控制。因此，本实验主要测定 K_xa 和 H_{OL}。

吸收基本原理

一、计算公式

填料层高度为

$$Z=\int_0^z dZ=\frac{L}{K_xa}\int_{x_2}^{x_1}\frac{dx}{x-x^*}=H_{OL}\cdot N_{OL}$$

式中 L——液体通过塔截面的摩尔流量 [kmol /(m^2 · s)]；

K_xa——以 dx 为推动力的液相总体积传质系数 [kmol /(m^3 · s)]；

H_{OL}——液相总传质单元高度（m）；

N_{OL}——液相总传质单元数，无因次。

令吸收因数 $A=L/mG$，则

$$N_{OL}=\frac{1}{1-A}\ln\left[(1-A)\frac{y_1-mx_2}{y_1-mx_1}+A\right]$$

二、测定方法

（1）空气流量和水流量的测定。本实验采用转子流量计测得空气和水的流量，并根据实验条件（温度和压力）和有关公式换算成空气和水的摩尔流量。

（2）测定填料层高度 Z 和塔径 D；

（3）测定塔顶和塔底气相组成 y_1 和 y_2；

（4）平衡关系。

本实验的平衡关系可写成

$$y=mx$$

式中 m——相平衡常数，$m=E/P$；

E——亨利系数，$E=f(t)$（Pa）；

P——总压（Pa），取 1 atm（标准大气压，101.325 kPa）。

对清水而言，x_2=0，由全塔物料衡算

$$G(y_1-y_2)=L(x_1-x_2)$$

可得 x_1。

任务实践

一、装置认知

实验装置分为流体输送对象、控制柜、数据监控采集软件和数据处理软件。流体输送对象包括吸收塔、解吸塔、风机、水泵、储气罐、水箱、转子流量计、孔板流量计、CO_2 钢瓶、差压变送器、现场变送仪表等。

1. 吸收解吸罐体认知

V101：吸收液储罐、富液罐；

V102：解吸液储罐、贫液罐；

V103：解吸气体缓冲罐。

熟悉富液罐、贫液罐与解吸气体缓冲罐的位置和功能。

二氧化碳吸收解吸装置

2. 风机、水泵的认知

P101：吸收增强风机；

P102：解吸风机；

P103：吸收风机；

P104：吸收水泵；

P105：解吸水泵。

熟悉风机、水泵的位置和功能。

3. 对各式流量计的认知

FI101：吸收 CO_2 气体转子流量计；

FI102：吸收 CO_2 故障气体转子流量计；

FI103：吸收空气孔板流量计；

FI104：吸收液体转子流量计；

FI105：解吸液体转子流量计；

FI106：解吸气体转子流量计；

FI107：解吸气体孔板流量计；

FI108：解吸 CO_2 转子流量计；

FIC09：解吸液体涡轮流量计；

FIC10：吸收液体涡轮流量计。

熟悉相关流量计的位置和功能。

4. 查看相关压力、温度显示

PI01：吸收塔内压力；

PI02：解吸塔内压力；

PI03：吸收气体缓冲罐压力；

PI04：解吸气体缓冲罐压力；

5. 阀门的识别及功能认知

VA203：吸收增强风机旁路阀；

HV0101：解吸风机旁路阀；

HV0102：解吸气体缓冲罐排污阀；

HV0103：解吸气体缓冲罐排空阀；

HV0104：解吸气体流量调节阀；

HV0105：解吸液体取样阀；

HV0106：解吸气体尾气调节阀；

HV0107：解吸塔顶气体取样阀；

HV0108：吸收增强风机调节阀；

HV0109：吸收风机出口阀；

HV0110：吸收气体进气取样阀；

HV0111：吸收气体尾气调节阀；

HV0112：吸收气体尾气取样阀；
HV0113：吸收 CO_2 进气口；
HV0114：故障电磁阀旁路阀；
HV0115/HV0116：故障电磁阀旁路阀前后阀；
HV0117：解吸气体进口阀；
HV0118：解吸防倒吸罐排污阀；
HV0119：解吸防倒吸罐排空阀；
HV0120：吸收泵进口阀；
HV0121：吸收泵回流阀；
HV0122：吸收剂流量调节阀；
HV0123：吸收塔底液体取样阀；
HV0124：吸收塔底排污阀；
HV0125：吸收塔底液封调节阀；
HV0126：吸收液罐加料阀；
HV0127：吸收液罐排空阀；
HV0128：解吸泵进口阀；
HV0129：解吸泵回流阀；
HV0130：解吸剂调节阀门；
HV0131：解吸塔底液体取样阀；
HV0132：解吸塔底排污阀；
HV0133：解吸塔底液封调节阀；
HV0134：解吸液罐进料阀；
HV0135：解吸液罐排空阀；
HV0137：解吸液罐排污阀。

6. 仪表及控制系统

仪表及控制系统见表 2-17。

表 2-17 仪表及控制系统

位号	仪表用途	仪表位置	规格	执行器
PI01	吸收塔气体进口压力	现场	压力表，1.5 级	无
PI02	解吸塔气体进口压力	现场	压力表，1.5 级	无
PI03	吸收气体缓冲罐压力	现场	压力表，1.5 级	无
PI04	解吸气体缓冲罐压力	现场	压力表，1.5 级	无

续表

位号	仪表用途	仪表位置	规格	执行器
TI301	吸收气体温度	集中	热电阻 + 智能仪表，1 级	无
TI02	解吸气体温度	集中	热电阻 + 智能仪表，1 级	无
FI01	吸收 CO_2 流量显示	现场	玻璃转子流量计	无
FI02	吸收空气流量显示	现场	玻璃转子流量计	有
FI03	吸收气体流量显示	集中	孔板流量计 + 智能仪表，1 级	有
FI04	吸收液体流量显示	现场	玻璃转子流量计	有
FI05	解吸液体流量显示控制	集中	玻璃转子流量计	有
FI06	解吸空气流量显示	现场	玻璃转子流量计	有
FI07	解吸空气流量显示	集中	孔板流量计 + 智能仪表，1 级	有
FI08	解吸 CO_2 流量显示	现场	玻璃转子流量计	有
FIC09	解吸液体流量显示	集中	涡轮流量计 + 智能仪表，1 级	有
FIC10	吸收液体流量显示控制	集中	涡轮流量计 + 智能仪表，1 级	有

二、工艺流程

二氧化碳吸收装置的开车准备工作

现场查找并熟悉相关阀门及装置。

三、装置的开车与停车

1. 二氧化碳吸收装置的开车准备

（1）检查公用工程水电是否处于正常供应状态（水压、水位是否正常，电压、指示灯是否正常）。

（2）打开 CO_2 钢瓶阀门，检测 CO_2 钢瓶减压阀压力是否正常。

（3）熟悉设备工艺流程图，各个设备组成部件所在位置；熟悉各阀门的作用及用途。

（4）熟悉温度、流量测量点、控制点的位置。

（5）在向罐体加液前，检查罐体各阀门位置。关闭罐体底下排污阀 HV0139、HV0120，打开阀 HV0134。

（6）打开自来水阀门，向吸收剂储液罐 V102 里加入自来水，液位到罐体的 2/3 的位置。

（7）测量并记录当前吸收剂储液罐的液位。

2. 二氧化碳吸收装置的开车

（1）开启电源。

1）在仪表操作盘台上，开启总电源开关，此时总电源指示灯亮；

2）开启仪表电源开关，此时仪表电源指示灯亮，且仪表通电。

（2）开启计算机，启动监控软件。

1）打开计算机电源开关，启动计算机；

2）在桌面上双击“吸收解吸实训软件”图标，进入 MCGS 组态环境，如图 2-35 所示；

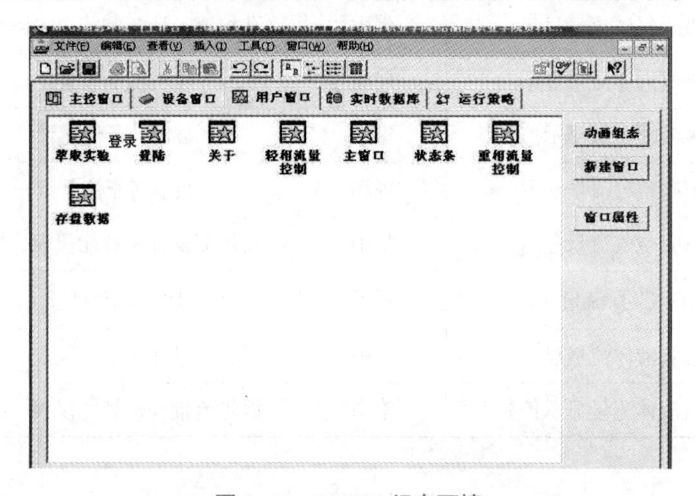

图 2-35　MCGS 组态环境

3）执行“文件”→“运行环境”菜单命令或按 F5 键进入运行环境，如图 2-36 所示，输入班级、姓名、学号（装置号使用默认数值）后，单击“确认”按钮。单击“填料吸收单元操作实训系统”按钮进入实训软件界面，监控软件就启动了，如图 2-37 和图 2-38 所示。

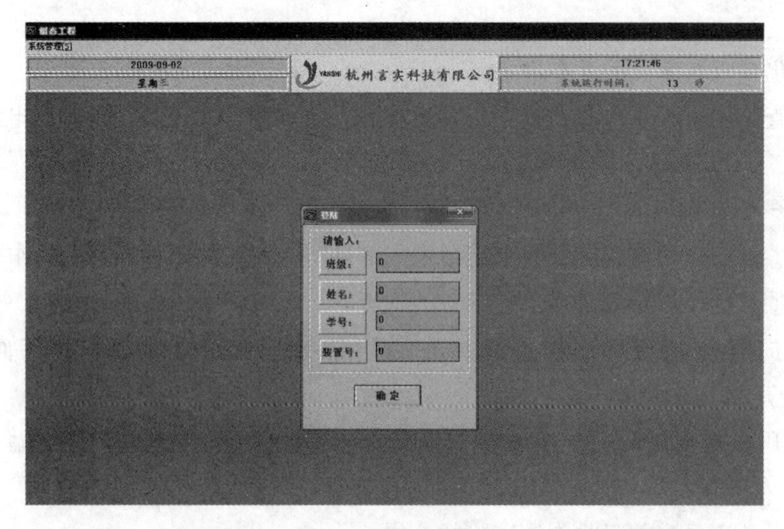

图 2-36　运行环境

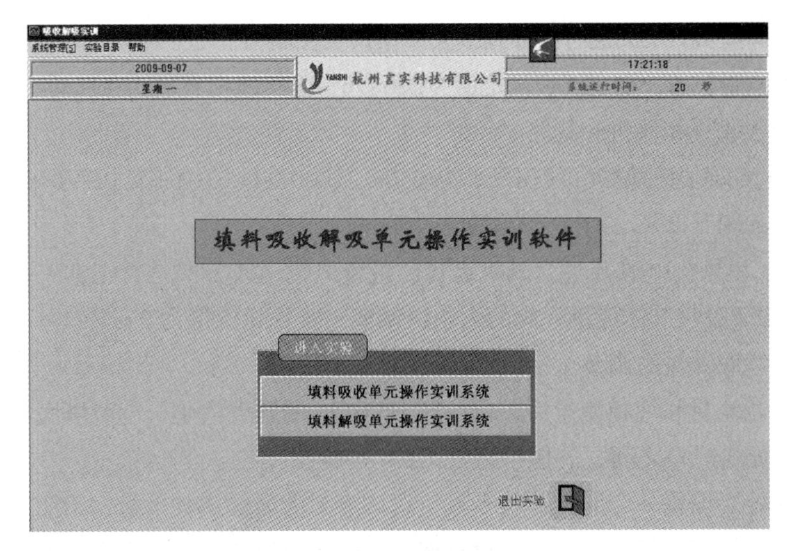

图 2-37 实训软件界面（一）

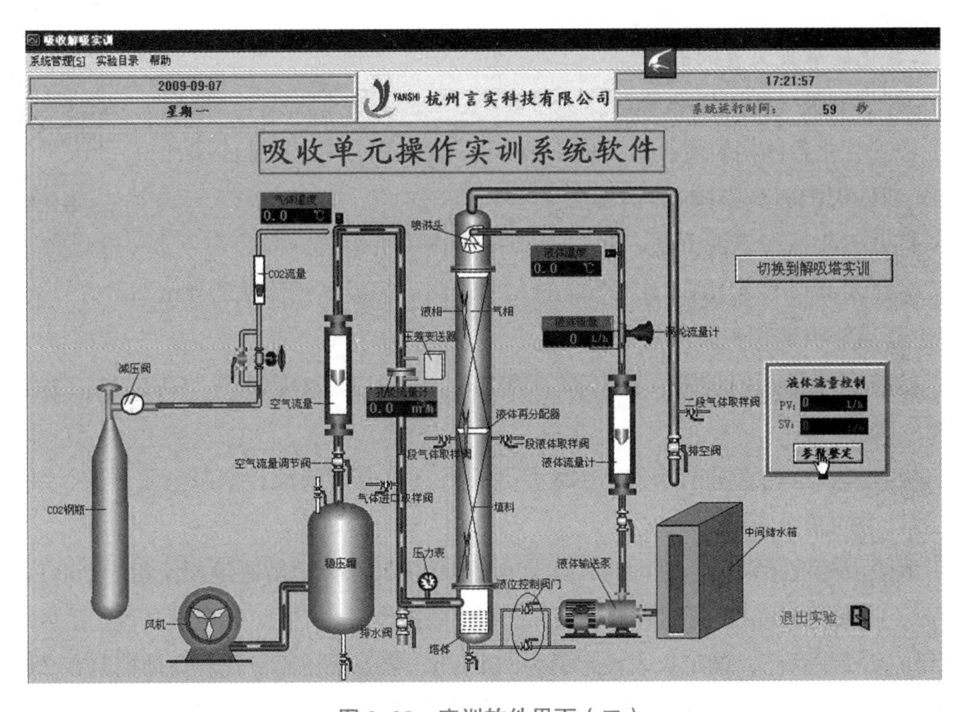

图 2-38 实训软件界面（二）

（3）开启吸收液相水泵和管路。

1）检查管路各阀门位置：打开阀 HV0120、HV0122、HV0125、HV0135、HV0127；关闭阀 HV0124、HV0123。

2）检查吸收液相水泵前阀 HV0120 是否打开，打开吸收液相水泵电源开关，泵运转，检查泵运转方向是否正常。

3）吸收液相流量调节。手动时，调节阀门 HV0122，调节吸收液相流量为 200 L/h；自动调节时，把阀门 HV0122 逆时针开到最大，在仪表控制箱上把“吸收液相流量手自动控制仪”设到自动控制状态，设定仪表设定值为 200 L/h，吸收液相流量就会自动控制在 200 L/h。

（4）开启吸收气相风机和管路。

1）检查管路各阀门位置：打开阀 HV0109、HV0111；关闭阀门 HV0108；调整吸收气体流量计下的阀开度。

2）打开气相风机电源开关，风机运转，检查风机运转方向是否正常（进风口吸风为正确），配合调节吸收气体流量计阀的大小，调节吸收气相流量为 2 m^3/h。

（5）吸收塔底液封的调节。

调节好液相流量和气相流量后，调节阀 HV0125 的开度大小，调节塔底液封在塔底液体出口管到气相进风口之间，并保持稳定（20 ～ 45 cm）。

注意：该处要设置一个岗位，由专人负责该液封的高低比较平稳，不能波动过大。液封过高会使液相倒流到气相管路里，没有液封则会导致液体直接从塔底逃出吸收塔外，起不到吸收的作用。

3. 二氧化碳解吸装置的开车

二氧化碳解吸装置的开车

（1）开启解吸气相风机和管路。

1）检查管路各阀门位置：打开阀 HV0104、HV0106；关闭阀 HV0101、HV0102、HV0103；调整阀 HV0101 的开度。

2）打开气相风机电源开关，风机运转，检查风机运转方向是否正常（进风口吸风为正确），配合调节阀 HV0101、HV0104 的大小，调节解吸气相流量为 4 m^3/h。

（2）开启解吸液相水泵和管路。

1）检查管路各阀门位置：打开阀 HV0128、HV0127、HV0130、HV0133；关闭阀门 HV0138、HV0132。

2）检查解吸液相水泵前阀 HV0128 是否打开，打开解吸液相水泵电源开关，泵运转，检查泵运转方向是否正常。

3）解吸液相流量调节。手动时，调节阀门 HV0130，调节解吸液相流量为 200 L/h；自动调节时，把阀门 HV0130 逆时针开到最大，在仪表操作盘台上把“解吸液相流量手自动控制仪”设到自动控制状态，设定仪表设定值为 200 L/h，解吸液相流量就会自动控制在 200 L/h。

（3）解吸塔底液封的调节。调节好液相流量和气相流量后，调节阀 HV0133 的开度大小，调节塔底液封在塔底液体出口管到气相进风口之间，并保持稳定（20 ～ 45 cm）。

注意：该处要设置一个岗位，由专人负责该液封的高低比较平稳，不能波动过大。液封过高会使液相倒流到气相管路里；液封过低则会导致液体直接从塔底逃出解吸塔外，起不到解吸的作用。

4. 记录数据

（1）当操作稳定后（一般稳定 10 min 左右），通过阀 HV0110 取吸收气相原料样，通过阀 HV0112 取吸收气相尾气样；通过阀 HV0107 取解吸后气相样；通过 CO_2 浓度传感器对 CO_2 浓度进行直接读取，吸收塔 CO_2 浓度单位为百分比（%），解吸塔 CO_2 浓度为 ppm（1×10^{-6}）。

（2）调整吸收、解吸液的流量到 300 L/h，稳定 10 min，再读取样品浓度。

（3）记录数据于表 2-18 中。

表 2-18 实验数据记录表

班级：__________ 姓名：__________ 学号：____________

吸收气体温度：____℃ 吸收液体温度：____℃ 解吸气体温度：____℃ 解吸液体温度：____℃

编号	吸收气体流量 /（$m^3\cdot h^{-1}$）	吸收液体流量 /（$L\cdot h^{-1}$）	吸收气体入口 CO_2 浓度 /%	吸收气体出口 CO_2 浓度 /%	解吸气体流量 /（$m^3\cdot h^{-1}$）	解吸液体流量 /（$L\cdot h^{-1}$）	解吸气体入口 CO_2 浓度 /ppm	解吸气体出口 CO_2 浓度 /ppm
1								
2								
3								
4								
5								

5. 二氧化碳吸收解吸装置的停车

二氧化碳吸收解吸装置的正常停车

（1）CO_2 钢瓶停车。先关闭 CO_2 钢瓶的阀门，再逆时针方向关闭减压阀阀门。

（2）解吸液相水泵停车。

1）在仪表操作台上，对“解吸液相流量手自动控制仪”上，把解吸液相流量设定值设定为 0，让解吸液相水泵停止转动。

2）把解吸变频器手 / 自动切换开关打到手动位置，再关闭解吸液相水泵电源开关。

（3）解吸风机停车。在仪表控制操作台上，关闭解吸风机电源开关。

（4）吸收风机停车。在仪表控制操作台上，关闭吸收风机电源开关。

（5）吸收液相水泵停车。

1）在仪表操作台上，对“吸收液相流量手自动控制仪”上，把吸收液相流量设定值设定为 0，让吸收液相水泵停止转动。

2）把吸收变频器手 / 自动切换开关打到手动位置，再关闭吸收液相水泵电源开关。

（6）仪表电源关闭。关闭仪表电源开关。

（7）控制柜总电源关闭。关闭总电源空气开关，关闭整个设备电源。

四、任务评价

吸收解吸开停车操作考核评分表见表 2-19。

表 2-19　吸收解吸开停车操作考核评分表

（考核时间：60 min）

序号	考核内容	考核要点	配分	评分标准	检测	得分	备注
1	准备工作	穿戴劳保用品	3	未穿戴整齐扣3分			
2	准备工作	人员分工等	2	分工不明确扣2分			
3	操作程序	检查现场相关设备、仪表和控制台仪电系统是否完好	5	漏查1项扣1分			
4		检查所有阀门开关状态	5	漏查1道阀门扣0.5分			
5		开启计算机，启动监控软件	5	不正确1项扣1分			
6		开启吸收液相水泵和管路	5	不按要求操作扣1～5分			
7		开启吸收气相风机和管路	5	不按要求操作扣1～5分			
8		正确调节吸收塔底液封	15	根据控制能力扣1～15分			
9		开启解吸气相风机和管路	5	不按要求操作扣1～5分			
10		开启解吸液相水泵和管路	5	不按要求操作扣1～5分			
11		解吸塔底液封的调节	15	根据控制能力扣1～15分			
12		记录数据	10	数据不达标扣1～10分			
13		关闭仪表电源	10	不规范扣5分			
14		现场阀门归为初始状态	10	漏1道阀扣1分			
合计							

五、问题讨论

（1）吸收解吸工艺中相关设备、仪器仪表及阀门特别多，而且容易混淆。

（2）“二氧化碳吸收解吸装置的联合开车与停车”中液封过高会使液相倒流到气相管路里，从而损坏二氧化碳检测仪，没有液封则会导致气体直接从塔底逃出，起不到吸收的作用。因此，要通过引导、探究、讲解、体验和互动来反复强调注意事项，在整个教学过程中注重理论联系实际，逐步提高学生对操作的热情，能积极主动地参与教学。但在本任务教学中，一定要把握解决难点的实施措施，通过课后作业的布置，学生进一步掌握“二氧化碳吸收解吸装置的联合开车与停车”操作技能。

（3）加大吸收。解吸的气体和液体流量，开启吸收2号风机（吸收增强风机），加强气量，看看在多少气体和液体流量下会液泛，观察液泛时流体在填料塔中的状态。

六、总结反思

根据评价结果，总结自我不足。

任务2.4 精 馏

职业技能目标

化工总控工职业标准（中级/四级）如表2-20所示。

表2-20 化工总控工职业标准（中级/四级）

序号	职业功能	工作内容	技能要求
1	一、开车准备	（一）工艺文件准备	（1）能识读并绘制带控制点的工艺流程图（PID）； （2）能绘制主要设备结构简图； （3）能识读工艺配管图； （4）能识记工艺技术规程
		（二）设备检查	（1）能完成本岗位设备的查漏、置换操作； （2）能确认本岗位电气、仪表是否正常； （3）能检查确认安全阀、爆破膜等安全附件是否处于备用状态
		（三）物料准备	能将本岗位原料、辅料引进界区
2	二、总控操作	（一）开车操作	（1）能按操作规程进行开车操作； （2）能将各工艺参数调节至正常指标范围； （3）能进行投料配比计算
		（二）运行操作	（1）能操作总控仪表、计算机控制系统对本岗位的全部工艺参数进行跟踪监控和调节，并能指挥进行参数调节； （2）能根据中控分析结果和质量要求调整本岗位的操作； （3）能进行物料衡算
		（三）停车操作	（1）能按操作规程进行停车操作； （2）能完成本岗位介质的排空、置换操作； （3）能完成本岗位机、泵、管线、容器等设备的清洗、排空操作； （4）能确认本岗位阀门处于停车时的开闭状态
3	三、事故判断与处理	（一）事故判断	（1）能判断物料中断事故； （2）能判断跑料、串料等工艺事故； （3）能判断停水、停电、停气等突发事故； （4）能判断常见的设备、仪表故障； （5）能根据产品质量标准判断产品质量事故
		（二）事故处理	（1）能处理温度、压力、液位、流量异常等故障； （2）能处理物料中断事故； （3）能处理跑料、串料等工艺事故； （4）能处理停水、停电、停气等突发事故； （5）能处理产品质量事故； （6）能发现相应的事故信号

学习目标

知识目标

1. 掌握精馏技术的应用、原理和分类；
2. 掌握精馏操作基本操作；
3. 掌握精馏塔的种类、结构、特点和应用场合。

能力目标

1. 会利用图书馆、网络资源查阅精馏技术的相关资料；
2. 根据项目要求选择合适的设备；
3. 根据任务要求掌握精馏的实际操作；
4. 掌握精馏 DCS 的基本操作。

素质目标

1. 具有良好的团队协作精神；
2. 具有良好的语言表达和文字表达能力；
3. 具有安全生产和清洁生产的意识。

任务导入

精馏是工业上应用最广的液体混合物分离操作，分离的原理是利用混合物组分的挥发度不同进行分离。双组分混合物的分离是最简单的精馏操作，典型的精馏设备是连续性精馏装置。位于塔顶的冷凝器使蒸气得到部分冷凝，冷凝液作为回流液返回塔底，其余馏出液是塔顶产品。位于塔底的再沸器使液体部分汽化，蒸气沿塔上升，余下的液体作为塔底产品。加料板在塔中部，进料中的液体随精馏段的液体一起沿塔下降，进料中的蒸气随提馏段的蒸气一起沿塔上升。在整个精馏塔中，气液两相逆流接触，进行相际传质。液相中的易挥发组分进入气相，气相中的难挥发组分转入液相，经过多次汽化和冷凝，蒸气中易挥发组分由下到上逐板增浓，从塔顶引出，达到规定的浓度，冷凝后可得产品（馏出液）；难挥发组分由上到下浓度不断增加，从再沸器出来时，达到规定的浓度而成为产品（釜残液）。塔顶的液体回流和塔底的蒸气回流保证了精馏操作稳定进行。

任务描述

1. 识读工艺流程图、设备示意图、设备平面图和设备布置图；
2. 开车前准备；
3. 全回流操作；
4. 部分回流操作；
5. 停车操作。

课前预习

1. 了解我国白酒的生产过程；
2. 我国近代传统生产白酒的原料和生产工艺有哪些？
3. 为什么蒸馏能够分离液体混合物？

知识准备

精馏分离是根据溶液中各组分挥发度（或沸点）的差异，使各组分得以分离。其中，较易挥发的称为易挥发组分（或轻组分），较难挥发的称为难挥发组分（或重组分）。它通过气液两相的直接接触，使易挥发组分由液相向气相传递，难挥发组分由气相向液相传递，是气液两相之间的传递过程。

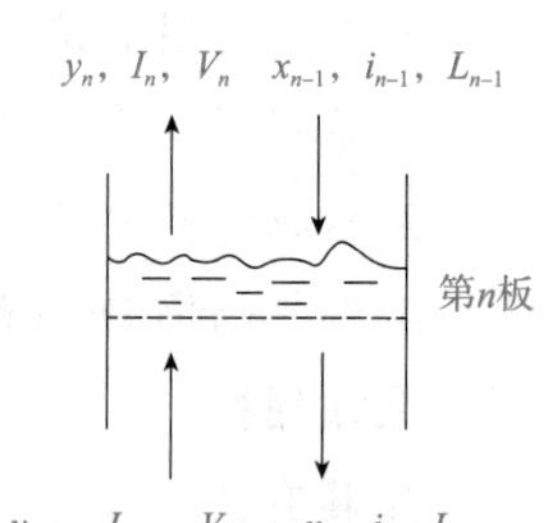

图 2-39　第 n 板的质量和热量衡算

I_n、I_{n+1}—上升蒸气的焓；
i_n、i_{n+1}—下降液流的焓

现以第 n 板（图 2-39）为例来分析精馏过程和原理。

塔板的形式有多种，最简单的一种是板上有许多小孔（称筛板），每层板上都装有降液管，来自下一层（n+1 层）的蒸气通过板上的小孔上升，而上一层（n−1 层）来的液体通过降液管流到第 n 板上，在第 n 板上气液两相密切接触，进行热量和质量的交换。进、出第 n 板的物流有四种：

板式精馏器

（1）由第 n−1 板溢流下来的液体量为 L_{n-1}，其组成为 x_{n-1}，温度为 t_{n-1}；

（2）由第 n 板上升的蒸气量为 V_n，组成为 y_n，温度为 t_n；

（3）从第 n 板溢流下去的液体量为 L_n，组成为 x_n，温度为 t_n；

（4）由第 n+1 板上升的蒸气量为 V_{n+1}，组成为 y_{n+1}，温度为 t_{n+1}。

因此，当组成为 x_{n-1} 的液体及组成为 y_{n+1} 的蒸气同时进入第 n 板时，由于存在温度差和浓度差，气液两相在第 n 板上密切接触进行传质和传热。若气液两相在板上的接触时间长，接触比较充分，那么离开该板的气液两相相互平衡，通常称这种板为理论板（y_n、x_n 成平衡）。精馏塔中每层板上都进行着与上述相似的过程，其结果是上升蒸气中易挥发组分浓度逐渐增高，而下降的液体中难挥发组分越来越浓，只要塔内有足够多的塔板数，就可使混合物达到所要求的分离纯度（共沸情况除外）。

加料板把精馏塔分为两段，加料板以上的塔，即塔上半部完成了上升蒸气的精制，除去其中的难挥发组分，因而称为精馏段；加料板以下（包括加料板）的塔，即塔的下半部完成了下降液体中难挥发组分的提纯，除去了易挥发组分，因而称为提馏段。一个完整的精馏塔应包括精馏段和提馏段。

精馏段操作方程为

$$y_{n+1}=\frac{R}{R+1}x_n+\frac{x_D}{R+1}$$

提馏段操作方程为

$$y_{n+1}=\frac{L+qF}{L+qF-W}x_n-\frac{W}{L+qF-W}x_W$$

式中，R 为操作回流比；x_D 为馏出液中易挥发组分的摩尔分数；F 为进料摩尔流率；W 为釜残液摩尔流率；L 为提馏段下降液体的摩尔流率；q 为进料的热状况参数；x_W 为釜残液中易挥发组分的摩尔分数。

部分回流时，进料的热状况参数的计算式为

$$q=\frac{C_{pm}(t_{BP}-t_F)+r_m}{r_m}$$

式中　t_F——进料温度（℃）；

t_{BP}——进料的泡点温度（℃）；

C_{pm}——进料液体在平均温度（t_F+t_{BP}）/2 下的比热 [J/（mol·℃）]；

r_m——进料液体在其组成和泡点温度下的汽化热（J/mol）。

$$C_{pm}=C_{p1}M_1x_1+C_{p2}M_2x_2$$

$$r_m=r_1M_1x_1+r_2M_2x_2$$

式中　C_{p1}、C_{p2}——纯组分 1 和组分 2 在平均温度下的比热容 [kJ/（kg·℃）]；

r_1、r_2——纯组分 1 和组分 2 在泡点温度下的汽化热（kJ/kg）；

M_1、M_2——纯组分 1 和组分 2 的摩尔质量（kg/mol）；

x_1、x_2——纯组分 1 和组分 2 在进料中的摩尔分数。

精馏操作涉及气液两相间的传热和传质过程。塔板上两相间的传热速率和传质速率不仅取决于物系的性质和操作条件，而且还与塔板结构有关，因此它们很难用简单方程加以描述。引入理论板的概念，可使问题简化。

所谓理论板，是指在其上气液两相都充分混合，且传热和传质过程阻力为零的理想化塔板。因此，不论进入理论板的气液两相组成如何，离开该板时气液两相达到平衡状态，即两相温度相等，组成互相平衡。

实际上，由于板上气液两相接触面积和接触时间是有限的，因此在任何形式的塔板上，气液两相难以达到平衡状态，即理论板是不存在的。理论板仅用作衡量实际板分离效率的依据和标准。通常，在精馏计算中，先求得理论板数，然后利用塔板效率予以修正，即求得实际板数。引入理论板的概念，对精馏过程的分析和计算是十分有用的。

对于二元物系，如已知其气液平衡数据，则根据精馏塔的原料液组成、进料热状况、操作回流比、塔顶馏出液组成、塔底釜残液组成由图解法或逐板计算法求出该塔的理论板数 N_T。按照下式可以得到总板效率 E_T，其中 N_P 为实际板数。

$$E_T=\frac{N_T-1}{N_P}\times 100\%$$

任务实践

一、工艺操作

本实训装置的主体设备是筛板精馏塔，配套有加料系统、回流系统、产品出料管路、残液出料管路、进料泵和测量、控制仪表。工艺图如图 2–40 所示。

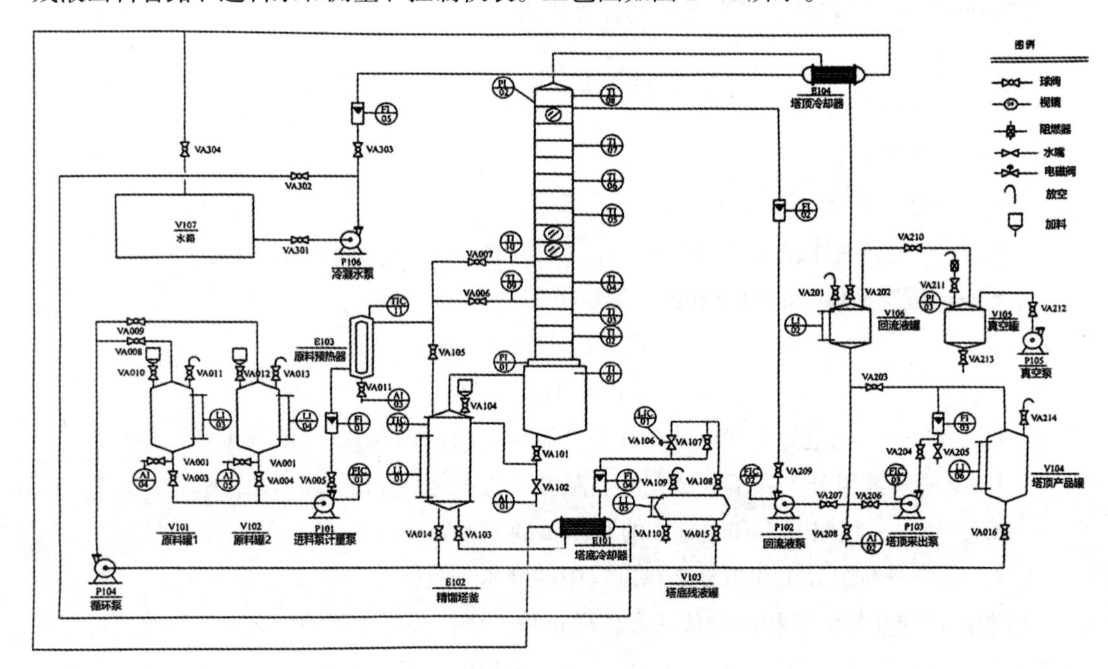

图 2–40　工艺图

本实训料液为乙醇水溶液，釜内液体由电加热器产生蒸气逐渐上升，经与各板上的液体传质后，进入盘管式换热器壳程，冷凝成液体后再从集液器流出，一部分作为回流液从塔顶流入塔内，另一部分作为产品馏出，进入产品储罐；残液经转子流量计流入残液储罐，如图 2–41 所示。

1. 全回流

（1）配制浓度为 10% ～ 20%（体积分数）的料液加入储罐，打开进料管路上的阀门，由进料泵将料液打入塔釜，至釜容积的 2/3 处（由塔釜液位计可观察），从原料液取样口取样测定并记录。

（2）关闭塔身进料管路上的阀门，启动电加热器电源，调节加热电压至适中，使塔釜温度缓慢上升。

（3）当塔顶温度上升到 50 ℃时，打开塔顶冷凝器的冷却水，调节合适冷凝量，并关闭塔顶出料管路，使整塔处于全回流状态。

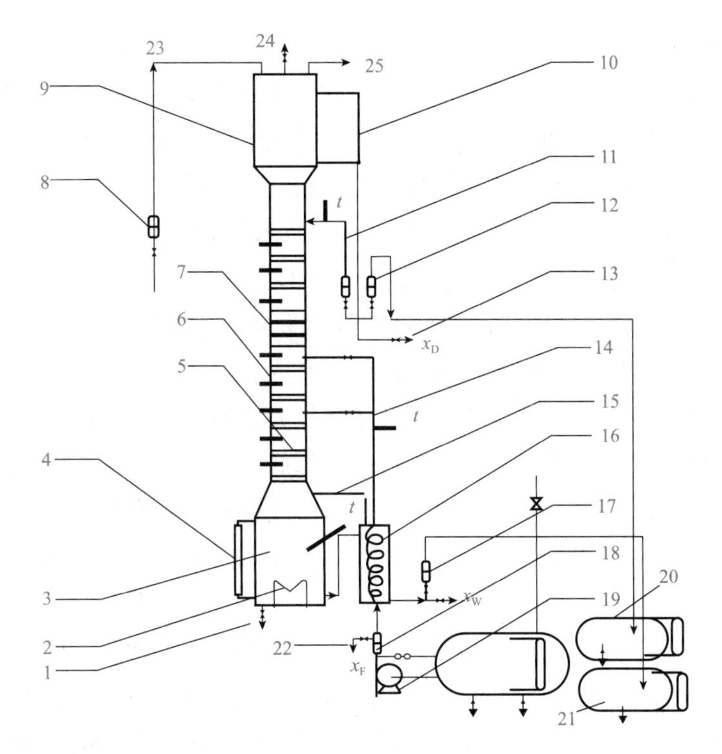

图 2-41　筛板塔精馏塔实验装置

1—塔釜排液口；2—电加热器；3—塔釜；4—塔釜液位计；5—塔板；6—温度计；7—窥视节；8—冷却水流量计；9—盘管冷凝器；10—塔顶平衡管；11—回流液流量计；12—塔顶出料流量计；13—产品取样口；14—进料管路；15—塔釜平衡管；16—盘管加热器；17—塔釜出料流量计；18—进料流量计；19—进料泵；20—产品储罐；21—残液储罐；22—原料液取样口；23—冷却水进口；24—惰性气体出口；25—冷却水出口

（4）当塔顶温度、回流量和塔釜温度稳定后，分别取塔顶产品和塔釜产品，送色谱分析仪分析并记录结果。

2. 部分回流

（1）在储料罐中配制一定浓度的乙醇水溶液（10% ～ 20%）。

（2）待塔全回流操作稳定时，打开进料阀，调节进料量至适当的流量。

（3）控制塔顶回流和出料两转子流量计，调节回流比 R（R=1 ～ 4）。

（4）当塔顶、塔内温度读数稳定后即可取样。

全回流和部分回流

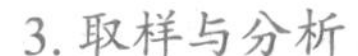

3. 取样与分析

（1）分别通过进料、塔顶、塔釜相应的取样阀取原料、塔顶产品、塔底残液。

（2）将样品进行色谱分析。

4. 注意事项

（1）塔顶放空阀一定要打开，否则容易因塔内压力过大导致危险。

（2）料液一定要加到设定液位 2/3 处方可打开加热器电源，否则塔釜液位过低会使电加热丝露出而干烧损坏。

5. 各项主要工艺操作指标

（1）塔压的调节。影响塔压变化的因素有多个方面，如塔顶温度、塔釜温度、进料组成、进料温度、进料量、回流量、冷剂量、上升蒸气量等，以及仪表故障、设备管线堵塞等。因此，在精馏过程中要根据塔压变化的原因相应地进行调节：

1）进料量不变的情况下，用塔顶的液相采出量来调节塔压；

2）在采出量不变的情况下，用进料量调节塔压；

3）在工艺指标允许的范围内，可通过塔釜温度的变化调节塔压。

（2）塔釜温度的调节。塔釜温度波动的因素有进料组成变化、回流比的调节、精馏塔压波动、再沸器疏水不畅、再沸器积水、塔釜液位太高等。当塔釜温度变化时，通常调节再沸器加热量使釜温正常。另外，塔压的升高或降低，也能引起塔釜温度变化。当塔压突然升高时，釜温会随之升高，但上升蒸气量下降，使塔釜轻组分变多，此时要分析压力的升高原因，并及时解决；当塔压突然下降时，上升蒸气量却增加，釜残液可能会被蒸空，重组分会带到塔顶。

（3）回流比的调节。回流量直接影响产品质量和塔的分离效果，在操作中，当塔顶温度升高，塔釜温度降低，塔顶、塔釜产品均不合适，此时应加大回流比和塔釜加热蒸气量。

（4）塔顶温度的调节。塔顶温度随进料量、操作压力及塔釜温度的变化而变化，塔顶温度的调节主要是调节回流量；有时是由釜温控制不当引起全塔温度的变化。

（5）塔釜液位的调节。塔釜液位的调节多半是用釜残液的排出量来调节，有时用加热釜的加热剂量来控制液位。影响釜残液变化的原因如下：

1）釜残液组成的变化；

2）进料组成的变化；

3）进料量的变化等。

二、精馏塔单元仿真操作

精馏塔 DCS 如图 2-42 所示。

本流程是利用精馏方法，在脱丁烷塔中将丁烷从脱丙烷塔釜混合物中分离出来。本装置将脱丙烷塔釜混合物部分汽化，由于丁烷的沸点较低，即其挥发度较高，故丁烷易从液相中汽化出来，再将汽化的蒸气冷凝，可得到丁烷组成高于原料的混合物，经过多次汽化冷凝，即可达到分离混合物中丁烷的目的。

原料为 67.8 ℃脱丙烷塔的釜残液（主要有 C_4、C_5、C_6、C_7 等），由脱丁烷塔（DA405）的第 16 块板进料（全塔共 32 块板），进料量由流量控制器 FIC101 控制。由调节器 TC101 通过调节塔釜再沸器加热蒸气的流量来控制提馏段灵敏板温度，从而控制丁烷的分离质量。

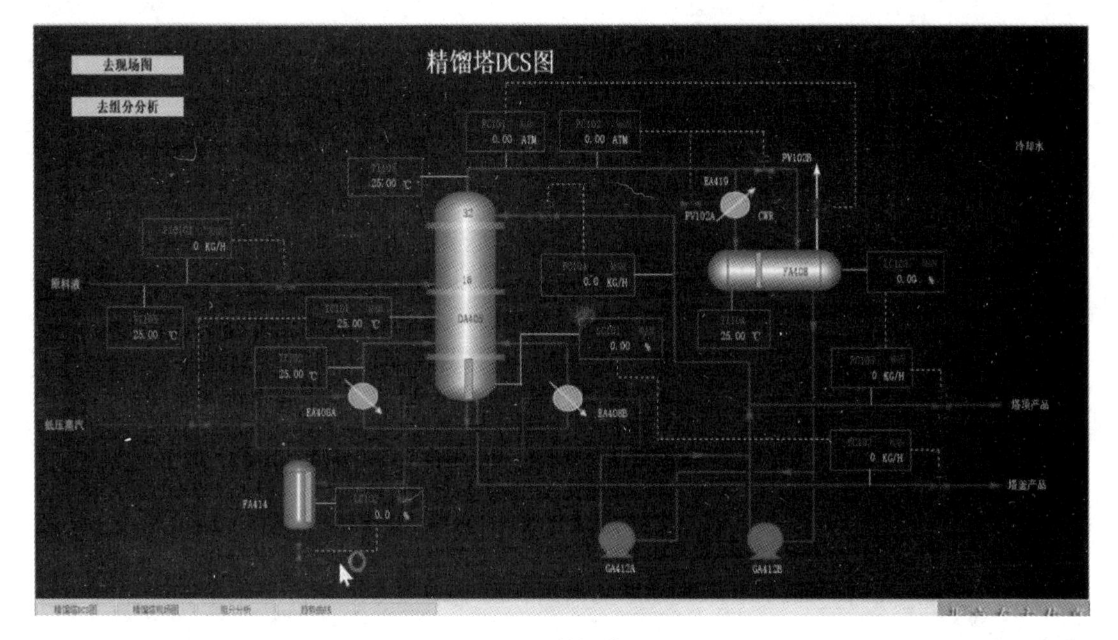

图 2-42　精馏塔 DCS

DA405—脱丁烷塔；EA419—塔顶冷凝器；FA408—塔顶回流罐；

GA412 A、B—回流泵；EA418 A、B—塔釜再沸器；FA414—塔釜蒸气缓冲罐

精馏实训开车

脱丁烷塔的釜残液（主要为 C_5 以上馏分）一部分作为产品采出，另一部分经塔釜再沸器（EA418 A、EA418 B）部分汽化为蒸气从塔底上升。塔釜的液位和塔釜产品采出量由 LC101 和 FC102 组成的串级控制器控制。再沸器采用低压蒸气加热。塔釜蒸气缓冲罐（FA414）液位由液位控制器 LC102 调节底部采出量控制。

塔顶的上升蒸气（C_4 馏分和少量 C_5 馏分）经塔顶冷凝器（EA419）全部冷凝成液体，该冷凝液靠位差流入塔顶回流罐（FA408）。塔顶压力 PC102 采用分程控制：在正常的压力波动下，通过调节塔顶冷凝器的冷却水量来调节压力，当压力超高时，压力报警系统发出报警信号，PC102 通过调节塔顶至回流罐的排气量来控制塔顶压力，调节气相出料。操作压力 4.25 atm（表压），高压控制器 PC101 将通过调节回流罐的气相排放量来控制塔内压力稳定。冷凝器以冷却水为载热体。回流罐液位由液位控制器 LC103 调节塔顶产品采出量来维持恒定。回流罐中的液体一部分作为塔顶产品送下一工序，另一部分液体由回流泵（GA412 A、GA412 B）送回塔顶作为回流，回流量由流量控制器 FC104 控制。

1. 精馏冷态开车准备

装置冷态开工状态为精馏单元处于常温、常压氮吹扫完毕后的氮封状态，所有阀门、机泵处于关停状态。

精馏实训开车准备

2. 进料过程

（1）开 FA408 塔顶放空阀 PC101 排放不凝气，稍开 FIC101 调节阀（不

超过 20%），向精馏塔进料。

（2）进料后，塔内温度略升，压力升高。当压力 PC101 升至 0.5 atm 时，关闭 PC101 调节阀，投自动，并控制塔压不超过 4.25 atm（如果塔内压力大幅波动，改回手动调节稳定压力）。

3. 启动再沸器

（1）当压力 PC101 升至 0.5 atm 时，打开冷凝水 PC102 调节阀至 50%；塔压基本稳定在 4.25 atm 后，可加大塔进料（FIC101 开至 50% 左右）。

（2）待塔釜液位 LC101 升至 20% 以上时，开加热蒸气入口阀 V13，再稍开 TC101 调节阀，给再沸器缓慢加热，并调节 TC101 阀开度，使塔釜液位 LC101 维持在 40% ～ 60%。待 FA414 液位 LC102 升至 50% 时，投自动，设定值为 50%。

4. 建立回流

随着塔进料增加和再沸器、冷凝器投用，塔压会有所升高，回流罐逐渐积液。

（1）塔压升高时，通过开大 PC102 的输出，改变塔顶冷凝器冷却水量和旁路量来控制塔压稳定。

（2）当回流罐液位 LC103 升至 20% 以上时，先开回流泵 GA412A（或 GA412B）的入口阀 V19（或 V20），再启动泵，再开出口阀 V17，启动回流泵。

（3）通过 FC104 的阀开度控制回流量，维持回流罐液位不超高，同时逐渐关闭进料，全回流操作。

5. 调整至正常

（1）当各项操作指标趋近正常值时，打开进料阀 FIC101。

（2）逐步调整进料量 FIC101 至正常值。

（3）通过 TC101 调整再沸器加热量使灵敏板温度 TC101 达到正常值。

（4）逐步调整回流量 FC104 至正常值。

（5）开 FC103 和 FC102 出料，注意塔釜、回流罐液位。

（6）将各控制回路设为自动，各参数稳定并与工艺设计值吻合后，投产品采出串级。

6. 停车操作规程

（1）降负荷。

1）逐步关小 FIC101 调节阀，降低进料至正常进料量的 70%。

2）在降负荷过程中，保持灵敏板温度 TC101 的稳定和塔压 PC102 的稳定，使精馏塔分离出合格产品。

精馏的停车

3）在降负荷过程中，尽量通过 FC103 排出回流罐中的液体产品，至回流罐液位 LC104 在 20% 左右。

4）在降负荷过程中，尽量通过 FC102 排出塔釜产品，使 LC101 降至 30% 左右。

（2）停进料和再沸器。在负荷降至正常的 70%，且产品已大部分采出后，停进料和再沸器。

1）关 FIC101 调节阀，停精馏塔进料。

2）关 TC101 调节阀和 V13 或 V16 阀，停再沸器的加热蒸汽。

3）关 FC102 调节阀和 FC103 调节阀，停止产品采出。

4）打开塔釜泄液阀 V10，排出不合格产品，并控制塔釜降低液位。

5）手动打开 LC102 调节阀，对 FA114 泄液。

（3）停回流。

1）停进料和再沸器后，回流罐中的液体全部通过回流阀打入塔，以降低塔内温度。

2）当回流罐液位至 0 时，关 FC104 调节阀，关泵出口阀 V17（或 V18），停泵 GA412A（或 GA412B），关入口阀 V19（或 V20），停回流。

3）开泄液阀 V10 排净塔内液体。

（4）降压、降温。

1）打开 PC101 调节阀，将塔压降至接近常压后，关 PC101 调节阀。

2）全塔温度降至 50 ℃左右时，关塔顶冷凝器的冷却水（PC102 的输出至 0）。

三、任务评价

1. 结果分析

实训中酒精浓度的分析有两种方法：一种为酒精计法；另一种为气相色谱法。

酒精计法是用 100 mL 量筒取 70 ～ 80 mL 样品，利用酒精计（0 ～ 50 刻度、50 ～ 100 刻度）和温度计分别测出某温度下的酒精浓度（体积含量）和温度，再根据酒精浓度与温度换算表，将某温度下的酒精浓度换算成 20 ℃时酒精浓度（体积含量），再经计算换算成质量含量。测定数据较少时，该法简便，测定快速。但由于取样量大，该法不适合被测物料量受到限制的场合；另外，被测物料温度过高时（超出酒精浓度与温度换算表的温度范围），需要冷却后才能测定，浪费时间。

气相色谱法是利用气相色谱仪（带色谱工作站）测定酒精溶液的含量。先用 1 μL 微量注射器（进样针）从送来的酒精溶液样品中准确吸取 1 μL，注入气相色谱仪（带色谱工作站），在色谱工作站（计算机中的一个采样及自动数据处理软件）中形成进样的色谱图，让色谱工作站对色谱图进行解析，其能显示出被测样的质量含量。该法在测定数据多时也很简便，少于 5 min 就能出峰，测定速度较快，采用校正归一法解析数据的准确度比酒精计法更高些；另外，需要测试的样品量少，很适合在精馏过程中进行质量监测时使用。但气相色谱仪需要较长预热时间及关机前的冷却时间，因而当测定数据少时费时。

2. 考核评价表

精馏操作评分表见表 2-21。

表 2-21　精馏操作评分表

<table>
<tr><th>考核项目</th><th colspan="2">评分项</th><th>评分规则</th><th>分值</th></tr>
<tr><td rowspan="12">技术指标评分</td><td rowspan="6">工艺指标合理</td><td>进料温度</td><td>进料温度与进料板温度差不超过 5 ℃，超出持续 20 s 系统将自动扣 0.2 分 / 次</td><td rowspan="6">10</td></tr>
<tr><td>再沸器液位</td><td>再沸器液位维持为 80 ～ 100 mm，超出持续 20 s 系统将自动扣 0.2 分 / 次</td></tr>
<tr><td>塔顶压力</td><td>塔顶压力需控制在 0.5 kPa 内，超出持续 20 s 系统将自动扣 0.2 分 / 次</td></tr>
<tr><td>塔压差</td><td>塔压差需控制在 5 kPa 内，超出持续 20 s 系统将自动扣 0.2 分 / 次</td></tr>
<tr><td>产品温度</td><td>塔顶馏出液产品温度控制在 40 ℃以下，超出持续 20 s 系统将自动扣 0.5 分 / 次</td></tr>
<tr><td>回流稳定投运</td><td>塔顶回流液流量投自动稳定运行 20 min 以上，时间每少 5 min 扣 0.5 分</td></tr>
<tr><td colspan="2">调节系统稳定的时间（非线性）</td><td>以学生按下“考核开始”键为起始信号，终止信号由计算机根据操作者的实际塔顶温度自动判断，然后由系统设定的扣分标准进行自动记分</td><td>10</td></tr>
<tr><td colspan="2">产品浓度评分（非线性）</td><td>产品罐中最终产品浓度 85%（零分）～ 92.5%（满分）（GC 法测定）</td><td>25</td></tr>
<tr><td colspan="2">产量评分（线性）</td><td>产品罐中最终纯产品质量 10 kg（零分）～ 18 kg（满分）（电子秤称量，以纯酒精计）</td><td>20</td></tr>
<tr><td colspan="2">原料损耗量（非线性）</td><td>读取原料贮槽液位（mm），按工艺记录卡提供的公式计算原料消耗量输入计算机</td><td>10</td></tr>
<tr><td colspan="2">电耗评分（非线性）</td><td>读取装置用电总量（精确至 0.1 kW · h），由老师输入计算机</td><td>5</td></tr>
<tr><td colspan="2">水耗评分（非线性）</td><td>读取装置用水总量（机械表或数显表，精确至 0.001 m^3），由老师输入计算机</td><td>5</td></tr>
<tr><td>规范操作评分</td><td colspan="2">开车准备（共 3.5 分）</td><td>（1）检查总电源、仪表盘、电压表、监控仪（0.5 分）。
（2）检查工艺流程中各阀门状态（见阀门状态表），调整至准备开车状态并挂牌标识（挂错、漏挂扣 0.5 分 / 个，共 1 分，扣完为止）。
（3）记录电表初始值（0.2 分），记录原料罐液位（mm）（0.2 分），填入工艺记录卡（0.1 分）（共 0.5 分）。
（4）检查并清空回流罐（0.2 分）、产品罐中积液（0.3 分）（共 0.5 分）</td><td>12.5</td></tr>
</table>

续表

考核项目	评分项	评分规则	分值
规范操作评分	开车准备 （共 3.5 分）	（5）检查有无供水（0.1 分），并记录水表初始值（0.3 分），填入工艺记录卡（0.1 分）（共 0.5 分）。 （6）规范操作进料泵（离心泵），将原料通过塔板加入再沸器至合适液位；依次单击评分表中的“确认”“清零”“复位”按钮并至“复位”按钮变成绿色后，切换至 DCS 控制界面并单击“考核开始”按钮（0.5 分）。 注意：单击考核开始至结束不得离开流程图界面操作	12.5
	开车操作 （共 2.5 分）	（1）规范启动精馏塔再沸器和预热器加热系统，升温（0.5 分）。 （2）开启冷却水上水总阀及精馏塔顶冷凝器冷却水进口阀，调节冷却水流量（0.5 分）。 （3）规范操作产品泵（齿轮泵），通过转子流量计进行全回流操作（0.5 分）。 （4）适时规范地打开回流泵（齿轮泵），以适当的流量进行回流（0.5 分）。 （5）选择合适的进料位置，以流量≤ 45 L/h 进料操作（0.5 分）。方法：在 DCS 面板上单击“部分回流开始”按钮后，选择进料位置，关闭非进料阀门，过程中不得更改进料位置。 （6）开启进料后 5 min 内，TICA712（预热器出口温度）必须超过 75 ℃（计算机计时扣分）	
	正常运行和采出 （共 2.5 分）	（1）塔顶馏出液经产品冷却器冷却后收集（0.5 分）。 （2）打开残液泵连续排放釜残液，将釜残液冷却至 45 ℃以下后收集（1.5 分）。 （3）适时将回流投放自动控制，维持自控连续运行 20 min 以上，自控运行期间不得修改设定值（0.5 分）	
	正常停车 （共 4.0 分）	（1）精馏操作 110 min 完毕，停进料泵（离心泵），开启或关闭管线上阀门（0.3 分）。 （2）规范停止预热器电加热及再沸器电加热（0.6 分）。 （3）停回流泵（齿轮泵），及时单击 DCS 操作界面的“考核结束”按钮（0.3 分）。 （4）将塔顶馏出液送入产品槽，停产品泵（齿轮泵）（0.5 分）。 （5）停止釜残液采出，停残液泵（0.3 分），关闭管线上阀门（0.1 分）（共 0.4 分）。 （6）关塔顶冷凝器冷却水，关上水总阀、回水总阀（0.3 分）。 （7）正确记录水表（0.2 分）、电表读数（0.2 分）（共 0.4 分）。 （8）各阀门恢复初始开车前的状态（错一处扣 0.5 分，共 1 分，扣完为止）	

续表

考核项目	评分项	评分规则	分值
规范操作评分	正常停车（共 4.0 分）	（9）记录 DCS 操作面板原料储罐液位（0.1 分），收集并称量产品罐中馏出液（0.1 分），取样交裁判计时结束。气相色谱分析最终产品含量（共 0.2 分）	12.5
文明操作评分	（1）穿戴符合安全生产与文明操作要求。正确佩戴安全帽（0.3 分 / 人），穿平底鞋（0.2 分 / 人）（共 0.5 分）。 （2）保持现场环境整齐、清洁、有序。取样料液无洒液（0.3 分），操作结束后打扫卫生（0.2 分）（共 0.5 分）。 （3）正确操作设备、使用工具。分析取样工具正确使用（0.3 分），卫生洁具摆放整齐（0.1 分），工具摆放整齐（0.1 分）（共 0.5 分）。 （4）文明礼貌（0.5 分）。 （5）记录及时（每 8 min 记录一次）、完整、规范，否则发现数据涂改，一次扣 0.5 分（共 0.5 分），记录结果弄虚作假扣全部文明操作分（2.5 分）		2.5
安全操作	（1）如果发生人为的操作安全事故，如再沸器现场液位低于 5 cm、预热器干烧（预热器上方视镜无液体 + 现场温度计超过 80 ℃ + 预热器正在加热 + 无进料）、设备人为损坏、操作不当导致的严重泄漏伤人等，以及作弊获得高产量，扣除操作分（15 分）。 （2）连续精馏过程中，预热器在加热，同时上方视镜无液体（持续时间达 1 min，计 1 次），按 1 分 / 次扣分，15 分扣完为止。 （3）全回流初始阶段及停车阶段，产品泵出现打空（连续气泡）且不立即处理，按 1 分 / 次扣分		—
违规扣分	（1）学生考核开始至结束所有操作期间不得离开 DCS 操作界面，违规扣 1 分 / 次。 （2）考核开始后，釜残液不允许直排，若间歇直排或者将直排（排液）阀门微开，扣全部规范操作分（15 分），漏关阀门除外。 （3）连续精馏阶段，启动残液泵后不得关泵，若残液泵间歇启停，扣全部规范操作分（15 分）。 （4）部分回流时旁路进料，扣全部规范操作分（15 分）。 （5）釜残液温度超过 45 ℃两次以上，不及时调节处理（5 min 以内），扣全部规范操作分（15 分）。 （6）违规提前停车，按提前时间的长短扣分，每提前 1 min 扣 3 分，直至扣除全部操作分（15 分）		—

四、总结反思

（1）为什么将再沸器液位维持为 80 ～ 100 mm？（再沸器液位过低会使电加热丝露出而干烧损坏。）

（2）如何规范操作回流泵？（先打开进口管路上和出口管路上的阀门。）

（3）如何调节适宜回流比？[控制塔顶回流和出料两转子流量计，调节回流比 R（R=1 ～ 4）。]

（4）根据评价结果，总结自我不足。

任务 2.5　萃　取

职业技能目标

化工总控工职业标准（中级）如表 2-22 所示。

表 2-22　化工总控工职业标准（中级）

序号	职业功能	工作内容	技能要求	相关知识
1	一、开车准备	（一）工艺文件准备	能识读、绘制工艺流程简图	流程图各种符号的含义
		（二）设备检查	能确认盲板是否抽堵、阀门是否完好、管路是否通畅	（1）盲板抽堵知识； （2）本岗位常用器具的规格、型号及使用知识
2	二、总控操作	运行操作	（1）能进行自控仪表、计算机控制系统的台面操作； （2）能根据指令调整本岗位的主要工艺参数	（1）生产控制指标及调节知识； （2）各项工艺指标的制定标准和依据
3	三、事故处理	事故处理	（1）能处理酸、碱等腐蚀介质的灼伤事故； （2）能按指令切断事故物料	（1）酸、碱等腐蚀介质灼伤事故的处理方法； （2）有毒有害物料的理化性质

学习目标

知识目标

1. 掌握萃取过程的原理和流程、操作及影响因素；
2. 了解转盘 / 脉冲萃取塔的构造、操作方法及填料萃取塔传质效率的强化方法；
3. 了解液 – 液萃取的原理及特点；
4. 掌握每米萃取高度的传质单元数、传质单元高度和萃取率的实验测定方法；
5. 掌握传质单元高度的测定方法及外加能量对液 – 液萃取塔传质单元高度的影响；
6. 了解安全及环境保护知识，消防知识相关法律、法规知识。

能力目标

1. 能识读萃取岗位的工艺流程图、设备示意图、设备平面图和设备布置图；
2. 学会做好开车前的准备工作；
3. 能独立地进行萃取岗位开、停车操作；

4. 能按要求操作调节，进行正常开车及紧急停车操作；

5. 能测定不同的萃取液流量和不同的转速对萃取效率的影响；

6. 能及时掌握设备的运行情况，随时发现、判断及处理各种异常现象；

7. 能应用计算机对现场数据进行采集、监控；

8. 能正确使用设备、仪表，及时进行设备、仪器、仪表的维护与保养；

9. 能正确填写生产（实验）记录，及时分析各种数据。

素质目标

1. 通过萃取单元操作实训，学生全面理解萃取的基本原理，具有理论联系实际的工作能力；

2. 在实训过程中，根据实训目的设计合理的操作方案，学生具有实验设计和数据分析能力，以及解决问题与创新的能力；

3. 了解萃取单元操作中的安全风险和环保要求，培养学生安全意识和环保观念；

4. 培养学生实事求是的科学态度和团队合作的精神。

任务导入

萃取技术是一种重要的分离和提纯技术，这种技术与其他分离技术相比，具有对环境污染少、易于操作、使用温度低等特点，所以说萃取技术是一种环保并且可循环利用的技术，符合现代发展的趋势，具有广阔的发展前景和巨大的市场。

萃取已广泛应用于分离和提纯各种有机物质，在石油化工、生物化工、精细化工、食品、环保等领域都有广泛应用。经过多年的发展，萃取技术不断推陈出新，涌现出各种新型的萃取剂和设备。例如青霉素的生产，用玉米发酵得到的含青霉素的发酵液，以醋酸丁酯为溶剂，经过多次萃取得到青霉素的浓溶液；在原子能工业广泛发展的今天，有色金属已逐渐成为溶剂萃取应用的新领域。

随着科技的发展，近几年一些新型的萃取技术也发展起来，应用到各个领域，比如微生物萃取技术、超临界萃取技术、低温萃取技术、微波萃取技术、稀土萃取技术、植物萃取技术等。

了解并且掌握萃取方法是化工专业学生必备的一项技能。要完成萃取实际操作项目任务，首先要熟悉流程中各阀门、仪表、设备的类型和使用方法及安全操作知识；其次要熟悉萃取装置的工艺流程和控制方式；最后能通过小组实训对萃取装置进行冷态开车、正常操作、正常停车的操作，并能对简单的故障进行处理。本任务老师将带领学生完成萃取的操作。

任务描述

以萃取实训装置为基础，完成以下任务：

1. 认识萃取设备；

2. 识读并绘制带控制点的工艺流程图；

3. 学会萃取装置开停车流程；

4. 控制设备参数，分析实验结果。

课前预习

1. 了解萃取在工业上的应用范围；

2. 生活中有哪些地方可以用到萃取？

知识准备

一、萃取的工艺原理

液－液萃取操作的基本过程如图 2-43 所示。将一定量溶剂加入被分离的原料液 F，所选溶剂称为萃取剂 S，要求它与原料液中被分离的组分（溶质）A 的溶解能力越大越好，而与原溶剂（稀释剂）B 的相互溶解度越小越好；然后加以搅拌，使原料液 F 与萃取剂 S 充分混合，溶质 A 通过相界面由原料液向萃取剂中扩散，因此萃取操作也属于两相间的传质过程；搅拌停止后，将混合液注入澄清槽，两液相因密度不同而分层。一层以萃取剂 S 为主，并溶有较多的溶质 A，称为萃取相 E；另一层以原溶剂（稀释剂）B 为主，且含有未被萃取完全的溶质 A，称为萃余相 R。若萃取剂 S 和原溶剂 B 为部分互溶，则萃取相中还含有少量的 B，萃余相中也含有少量的 S。

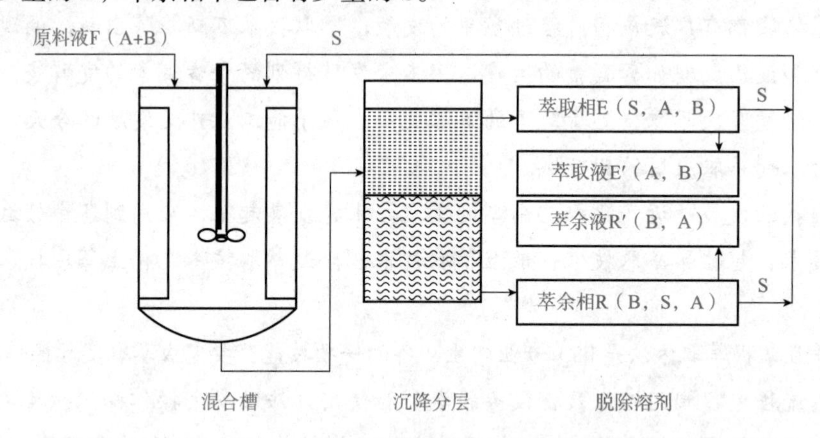

图 2-43　液－液萃取操作的基本过程

由上可知，萃取操作并没有得到纯净的组分，而是新的混合液：萃取相 E 和萃余相 R。为了得到产品 A，并回收溶剂以供循环使用，尚需对这两相分别进行分离。通常采用蒸馏或蒸发的方法，有时也可采用结晶等其他方法。脱除溶剂后的萃取相和萃余相分别称为萃取液 E′ 和萃余液 R′。

液－液传质设备内的传质与精馏、吸收过程类似，由于过程的复杂性，萃取过程也被分解为理论级和级效率，或传质单元数和传质单元高度。对于转盘塔、振动塔这类微分接触的萃取塔，一般采用传质单元数和传质单元高度来处理。传质单元数表示过程分离难易的程度。

对于稀溶液，传质单元数可近似用下式来表示：

$$N_{OR}=\int_{x_2}^{x_1}\frac{dx}{x-x^*}=\frac{x_F-x_R}{\Delta x_M}$$

式中 N_{OR}——萃余相为基准的总传质单元数；

x^*——萃余相中溶质的浓度；

x——与相应萃取浓度成平衡的萃余相中溶质的浓度；

x_2、x_1——两相进塔和出塔的萃余相浓度；

x_F——原料液中溶质的浓度；

x_R——萃余液中溶质的浓度；

Δx_M——传质推动力。

$$\Delta x_M=\frac{x_1-x_2}{\ln\frac{x_1}{x_2}}$$

传质单元高度表示设备传质性能的好坏，可由下式表示：

$$H_{OR}=\frac{H}{N_{OR}}$$

式中 H_{OR}——以萃余相为基准的传质单元高度；

H——萃取塔有效接触高度。

已知塔高 H 和传质单元数 N_{OR}，可由上式来求得 H_{OR} 的数值，H_{OR} 反映设备传质性能的好坏，H_{OR} 越大，设备效率越低。影响萃取设备传质性能 H_{OR} 的因素很多，主要有设备结构因素、两相物性因素、操作因素以及外加能量的形式和大小因素等。

按萃取相计算体积总传质系数 K：

$$K=\frac{q_{V,S}}{H_{OR}A}$$

式中 $q_{V,S}$——萃取相水的流量；

A——塔截面面积。

二、萃取的工艺流程

加约 1% 苯甲酸－煤油溶液至轻相储罐（V203）至 1/2 ～ 2/3 液位，加入清水于重相储罐（V205）至 1/2 ～ 2/3 液位，启动重相泵（P202）将清水由上部加入萃取塔内，形成并维持萃取剂循环状态，再启动轻相泵（P201）将苯甲酸－煤油溶液由下部加入萃取塔，通过控制合适的塔底重相（萃取相）采出流量（24 ～ 40 L/h），维持塔顶轻相液位在视盅低端 1/3 处左右，启动高压气泵向萃取塔内加入空气，增大轻－重两相接触面积，加快轻－重相传质速度，系统稳定后，在轻相出口和重相出口处，取样分析苯甲酸含量，经过萃余分相罐（V206）分离后，轻相采出至萃余相储罐（V202），重相采出至萃取相储罐（V204）。改变空气量和轻、重相的进出口物料流量，取样分析，比较不同操作条件下萃取效果（图 2-44 ～图 2-46）。

萃取操作示意

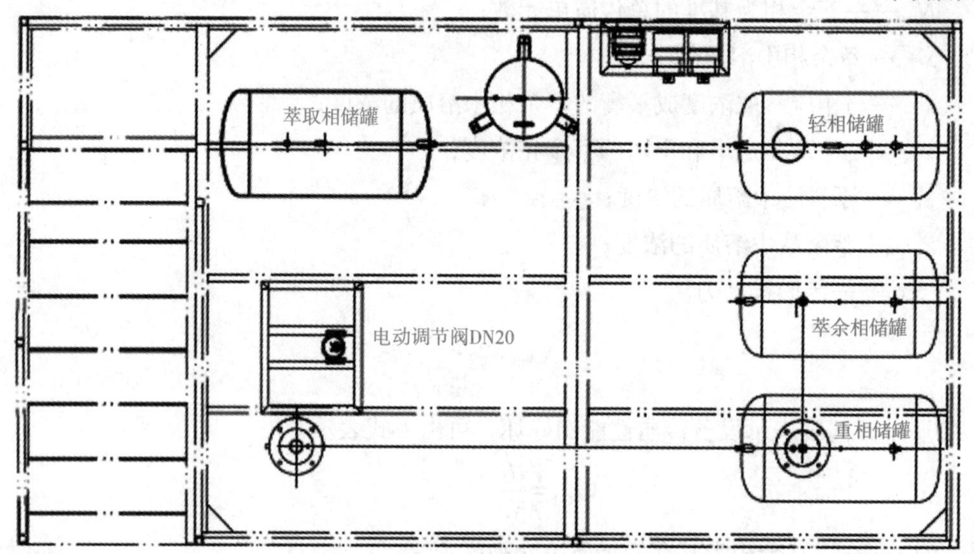

图 2-44　平面示意

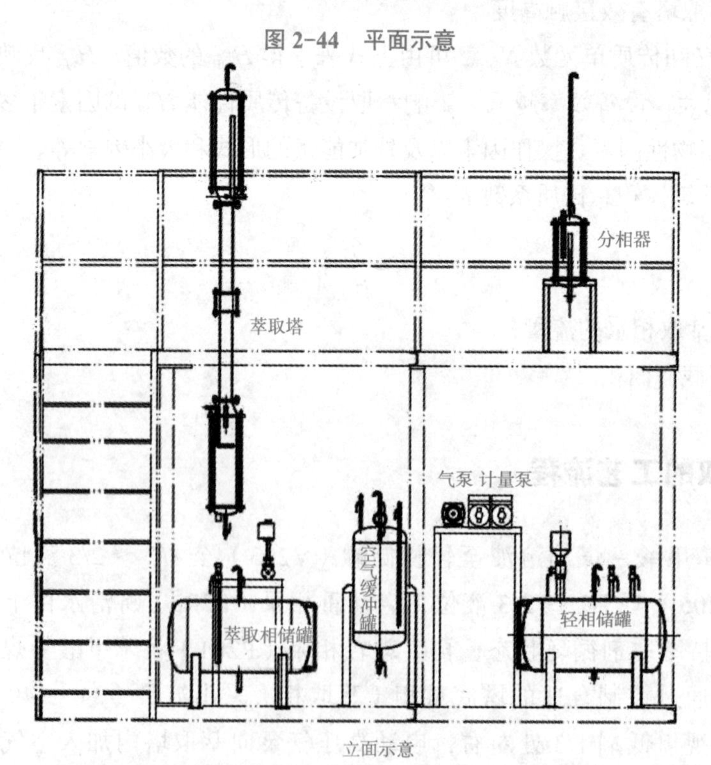

图 2-45　立面示意

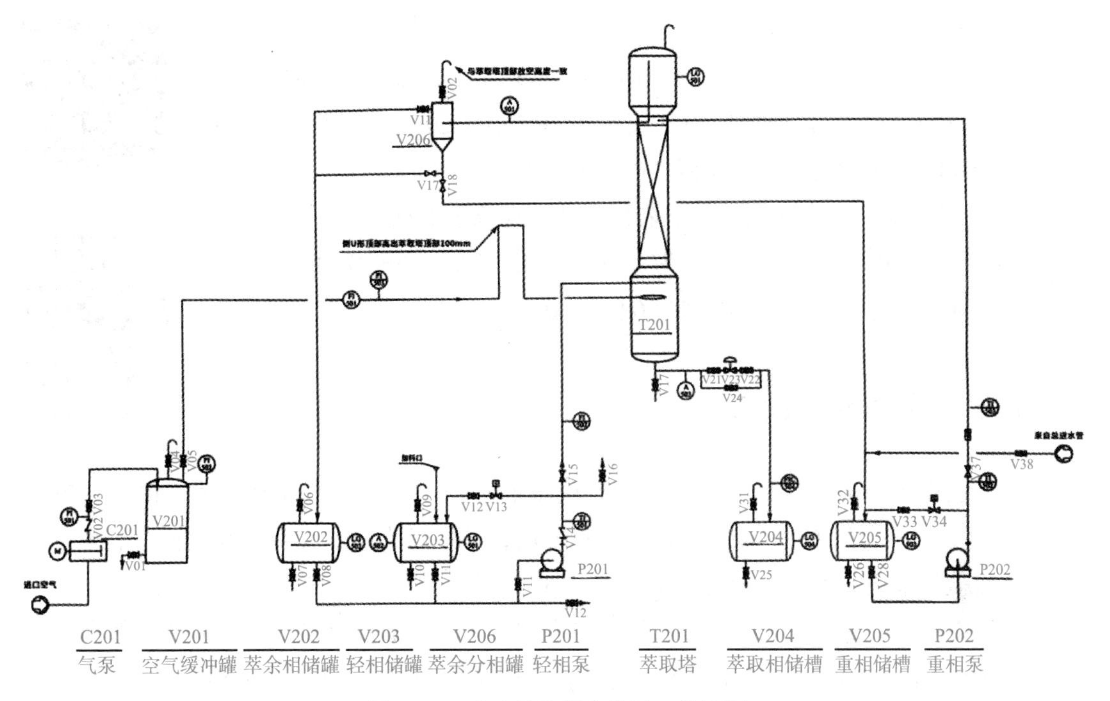

图 2-46　液液萃取操作装置工艺流程

三、萃取的实训装置

（1）设备一览表（表 2-23）。

表 2-23　设备一览表

项目	名称	规格型号
工艺设备系统	空气缓冲罐	不锈钢，ϕ300 mm × 200 mm
	萃取相储罐	不锈钢，ϕ400 mm × 600 mm
	轻相储罐	不锈钢，ϕ400 mm × 600 mm
	萃余相储罐	不锈钢，ϕ400 mm × 600 mm
	重相储罐	不锈钢，ϕ400 mm × 600 mm
	萃余分相罐	玻璃，ϕ125 mm × 320 mm
	重相泵	计量泵，60 L/h
	轻相泵	计量泵，60 L/h
	萃取塔	玻璃主体，硬质玻璃 ϕ125 mm × 1 200 mm；上、下扩大段不锈钢 ϕ200 mm × 200 mm；填料为不锈钢规整填料
	气泵	小型压缩机

（2）各项工艺操作指标。

1）温度控制。轻相泵出口温度为室温；重相泵出口温度为室温。

2）流量控制。萃取塔进口空气流量为 10 ～ 50 L/h；轻相泵出口流量为 20 ～ 50 L/h；重相泵出口流量为 20 ～ 50 L/h。

3）液位控制。水位达到萃取塔塔顶（玻璃视镜段）1/3 位置。

4）压力控制。气泵出口压力为 0.01 ～ 0.02 MPa；空气缓冲罐压力为 0 ～ 0.02 MPa；空气管道压力控制为 0.01 ～ 0.03 MPa。

填料萃取塔

转盘萃取塔

四、萃取的实训岗位

本装置以苯甲酸 - 煤油为运行介质，由萃取对象、检测传感控制装置、仪表电控系统、分析仪器单元组成。萃取主要设备是萃取塔，萃取塔为旋片旋转萃取设备。塔身为硬质硼硅酸盐玻璃管，在塔顶和塔底的玻璃管扩口处，分别通过增强酚醛压塑法兰、橡皮圈、橡胶垫片与不锈钢法兰相连接。塔内装有扁环填料，提高萃取效率。塔的上部和下部分别有 200 mm 左右的延伸段形成两个分离段，轻重两相可在分离段内分离。

（1）化工设备操作岗位。能进行气泵、离心泵、萃取塔等设备操作。

（2）分析岗位技能。对萃取体系的萃取前后样品进行分析，能进行取样、滴定、分析、计算等过程操作。

（3）现场工控岗位。气泵的流量调节及手阀调节；轻、重相入口及出口温度测控；轻相泵及重相泵输送压力测控。

（4）化工仪表岗位。玻璃转子流量计、变频器、差压变送器、无纸记录仪、声光报警器、调压模块及各类就地弹簧指针表等的使用；单回路控制方案的实施。

（5）就地及远程控制岗位。现场控制台仪表与微机通信，实时数据采集及过程监控；总控室控制台 DCS 与现场控制台通信，各操作工段切换、远程监控、流程组态的上传下载等。

以水为萃取剂，从煤油中萃取苯甲酸，苯甲酸在煤油中的浓度约为 0.2%，水相为萃取相（用字母 E 表示），煤油相为萃余相（用字母 R 表示）。在萃取过程中，苯甲酸部分地从萃余相转移至萃取相。萃取相及萃余相的进出口浓度由容量分析法测定。

轻相储罐内加入煤油 - 苯甲酸溶液至储罐正常液位，重相储罐内加入清水至储罐正常液位，启动重相泵将清水加入萃取塔，建立萃取剂循环，然后启动轻相泵将煤油 - 苯甲酸溶液加入萃取塔，控制合适的塔底采出流量，控制塔底重相液位正常，塔顶相界面正常，启动压缩机往萃取塔内加入空气，加快轻 - 重相传质速度，逐渐加大塔底采出量，控制各工艺参数在正常范围内，分相器内轻相将采出至轻相储罐，重相采出至重相储罐。

五、萃取的安全要点

（1）煤油属于易燃、易爆、有毒类化学品，操作过程需做好个人防护，室内需通风。罐装时应注意流速不能过大，且有接地装置，防止静电积聚。

（2）苯甲酸属有毒、有害、易燃化学品，遇高热、明火或与氧化剂接触，有引起火灾的危险。

（3）注意动设备（隔膜计量泵、微型气泵）的规范操作。

任务实践

一、任务实施

1. 开车准备

（1）由相关操作人员组成装置检查小组，对本装置所有设备、管道、阀门、仪表、电气、分析等按工艺流程图要求和专业技术要求进行检查。

（2）检查所有仪表是否处于正常状态。

（3）检查所有设备是否处于正常状态。

（4）试电。

1）检查外部供电系统，确保控制柜上所有开关均处于关闭状态。

2）开启外部供电系统总电源开关。

3）打开控制柜上空气开关 33（QF1）。

4）打开 24 V 电源开关以及空气开关 10（QF2），打开仪表电源开关，查看所有仪表是否通电，指示是否正常。

5）将各阀门顺时针旋转操作到关的状态。

2. 原料准备

（1）取苯甲酸一瓶（0.5 kg），煤油 50 kg，在敞口容器内配制成苯甲酸－煤油饱和溶液，并滤去溶液中未溶解的苯甲酸。

（2）将苯甲酸－煤油饱和溶液加入轻相储罐，到其容积的 1/2 ～ 2/3。

（3）在重相储罐内加入自来水，控制水位为 1/2 ～ 2/3。

3. 正常开车（阀门对照表参见附录 2）

（1）关闭萃取塔排污阀（V19）、萃取相储罐排污阀（V23）、萃取塔液相出口阀（及其旁路阀）（V33、V21、V22）。

（2）开启重相泵进口阀（V25），启动重相泵（P202），打开重相泵出口阀（V27），以重相泵的较大流量（40 L/h）从萃取塔顶向系统加入清水，当水位达到萃取塔塔顶（玻璃视镜段）1/3 位置时，打开萃取塔重相出口阀（V21、V22），调节重相出口调节阀（V33），控制萃取塔顶液位稳定。

（3）在萃取塔液位稳定基础上，将重相泵出口流量降至 24 L/h，萃取塔重相出口流量控制在 24 L/h。

（4）打开空气缓冲罐入口阀（V02），启动气泵，关闭空气缓冲罐放空阀（V04），打开空气缓冲罐气体出口阀（V05），调节适当的空气流量，保证一定的鼓泡数量。

（5）观察萃取塔内气液运行情况，调节萃取塔出口流量，维持萃取塔顶液位在玻璃视镜段 1/3 处位置。

（6）打开轻相泵进口阀（V16）及出口阀（V18），启动轻相泵（P201），将轻相泵出口流量调节至 12 L/h，向系统内加入苯甲酸－煤油饱和溶液，观察塔内油－水接触情况，控制油－水界面稳定在玻璃视镜段 1/3 处位置。

（7）轻相逐渐上升，由塔顶出液管溢出至萃余分相罐，在萃余分相罐内油－水再次分层，轻相层经萃余分相罐轻相出口管道流出至萃余相储罐，重相经萃余分相罐底部出口阀后进入萃取相储罐，萃余分相罐内油－水界面控制以重相高度不得高于萃余分相罐底封头 5 cm 为准。

4. 正常运行

（1）当萃取系统稳定运行 20 min 后，在萃取塔出口处取样口（A201、A203）采样分析。

（2）改变鼓泡空气、轻相、重相流量，获得 3 ～ 4 组实验数据，做好操作记录。

5. 正常停车

（1）停止轻相泵，关闭轻相泵进出口阀门。

（2）将重相泵流量调整至最大，使萃取塔及分相器内轻相全部排入萃余相储罐。

（3）当萃取塔内、萃余分相罐内轻相均排入萃余相储罐后，停止重相泵，关闭重相泵出口阀（V27），将萃余分相罐内重相、萃取塔内重相排空。

（4）进行现场清理，保持各设备、管路的洁净。

（5）做好操作记录。

（6）切断控制台、仪表盘电源。

6. 注意事项

（1）按照要求巡查各界面、温度、压力、流量液位值并做好记录。

（2）分析萃取相、萃余相的浓度并做好记录，能及时判断各指标否正常，能及时排污。

（3）控制进、出塔重相流量相等，控制油－水界面稳定在玻璃视镜段 1/3 处位置。

（4）控制好进塔空气流量，防止引起液泛，又保证良好的传质效果。

（5）当停车操作时，要注意及时开启分凝器的排水阀，防止重相进入轻相储罐。

（6）用酸碱滴定法分析苯甲酸浓度。

7. 设备维护及检修

（1）磁力泵的开、停、正常操作及日常维护。

（2）气泵的开、停、正常操作及日常维护。

（3）填料萃取塔的构造、工作原理、正常操作及维护。

（4）主要阀门（萃塔顶界面调节；重相、轻相流量调节）的位置、类型、构造、工作原理、正常操作及维护。

（5）温度、流量、界面的测量原理；温度、压力显示仪表及流量控制仪表的正常使用。

（6）定期组织学生进行系统检修演练。

8. 数据记录

液 – 液萃取操作数据记录表见表 2–24。

表 2–24　液 – 液萃取操作数据记录表

班级:__________　　　　记录员:__________　　　　操作人员:__________

时间 / min	缓冲罐压力 / MPa	分相器液位 /mm	空气流量 / （$m^3 \cdot h^{-1}$）	萃取相流量 / （$L \cdot h^{-1}$）	萃余相流量 / （$L \cdot h^{-1}$）	溶质在萃余相进口中的质量比组成	溶质在萃余相出口中的质量比组成	溶质在萃取相出口中的质量比组成	萃取效率 /%	异常情况记录

二、任务评价

液 – 液萃取操作考核评分表见表 2–25。

表 2-25　液－液萃取操作考核评分表

（考核时间：60 min）

序号	考核内容	考核要点	配分	评分标准	检测结果	得分	备注
1	准备工作	穿戴劳保用品	3	未穿戴整齐扣 3 分			
2		人员分工等	2	分工不明确扣 2 分			
3	操作程序	检查现场相关设备、仪表和控制台仪电系统是否完好备用	3	漏查 1 项扣 1 分			
4		检查所有阀门开关状态是否处于正确状态	5	漏查 1 道阀门扣 0.5 分			
5		检查轻相储罐、重相储罐内是否有足够的原料、水，萃取塔、萃余分相罐、萃取相储罐、萃余相储罐是否已清空或有足够空间	5	漏查 1 项扣 1 分			
6		规范启动萃取剂泵，控制液位稳定在塔顶玻璃视镜 1/3 处，流体稳定在要求指标范围内	10	不按要求操作扣 1～10 分			
7		规范启动气泵，维持塔内一定的鼓泡数量	5	不按要求操作扣 1～5 分			
8		规范启动原料泵，控制油－水界面稳定在塔顶玻璃视镜 1/3 处	10	不按要求操作扣分 1～10 分			
9		按要求控制萃余分相罐油－水分界面	10	不按要求操作扣 1～10 分			
10		系统稳定运行 20 min 后，规范取样分析	10	不按要求操作扣 1～10 分			
11		规范停原料泵	5	停泵不规范扣 5 分			
12		轻相全部排入萃余相罐后停萃取剂系	10	不按要求操作扣 10 分			
13		规范停气泵	5	停泵不规范扣 5 分			
14		现场阀门归为初始状态	3	漏 1 道阀门扣 0.5 分			

续表

序号	考核内容	考核要点	配分	评分标准	检测结果	得分	备注
15	操作程序	控制台仪表设定值归零	2	漏1块仪表扣1分			
16		关仪表电源，关总电源	2	漏1个开关扣1分			
17		萃取效率计算	10	方法错扣5～10分，结果错扣2分			
18	安全及其他	按照国际法规或者有关规定	—	违规一次总分扣5分；严重违规停止操作，总分为零分			
19		在规定时间内完成操作	—	每超过1 min总分扣5分，超过3 min停止操作			
合计							

三、总结反思

（1）讨论萃取与吸收、精馏的区别与联系。

（2）根据评价结果，总结自我不足。

任务 2.6　流化床干燥

职业技能目标

化工总控工职业标准（中级）如表 2–26 所示。

表 2–26　化工总控工职业标准（中级）

序号	职业功能	工作内容	技能要求
1	一、开车准备	（一）工艺文件准备	（1）能识读并绘制带控制点的工艺流程图（PID）； （2）能绘制主要设备结构简图； （3）能识记工艺技术规程
		（二）设备检查	（1）能完成本岗位设备的查漏、置换操作； （2）能确认本岗位电气、仪表是否正常； （3）能检查确认安全阀、爆破膜等安全附件是否处于备用状态
2	二、总控操作	开车操作	（1）能按操作规程进行开车操作； （2）能将各工艺参数调节至正常指标范围； （3）能进行投料配比计算

学习目标

知识目标

1. 了解流化床体各部位作用、结构和特点及流化床的工作流程；
2. 掌握流化床的基本操作、调节方法及主要影响因素；
3. 掌握流化床常见异常现象及处理办法；
4. 了解并掌握工业现场生产安全知识。

能力目标

1. 能识读流化床干燥工艺流程图、设备示意图、设备平面图和设备布置图；
2. 学会做好开车前的准备工作；
3. 能独立进行干燥岗位开停车操作；
4. 能按要求操作调节，进行正常开车及紧急停车操作；
5. 能及时掌握设备的运行情况，随时发现、判断及处理各种异常现象；
6. 能应用计算机对现场数据进行采集、监控；
7. 能正确使用设备、仪表，及时进行设备、仪器、仪表的维护与保养。

素质目标

1. 通过干燥单元操作实训，学生全面了解干燥的基本原理，培养学生理论联系实际的工作能力；

2. 在实训过程中，学生对干燥过程中出现的问题进行分析，提高分析解决问题能力；

3. 在实训过程中，学生对实验数据进行记录、整理和分析，培养数据分析能力和解决问题能力；

4. 了解干燥单元操作中的安全风险和环保要求，培养学生安全意识和环保观念；

5. 培养学生实事求是的科学态度和团队合作的精神。

任务导入

化工生产的固体物料，总是或多或少含有湿分（水或其他液体），为了便于加工、使用、运输、贮藏，往往需要将其中的湿分排出。工业干燥是一个重要的过程，化工生产的过程经常都需要使用干燥工艺。

干燥在化工、轻工、食品、医药等工业中的应用非常广泛，如喷漆、气动设备、仪器控制、化工、食品、医药等一般工厂都需要应用到干燥。因此，干燥技术是化工学生必须掌握的一项职业技能。

本任务将带领学生学习干燥的相关知识，应用实训车间的设备锻炼学生的分析能力和动手能力，为日后走上工作岗位奠定基础。

任务描述

1. 了解流化床干燥的基本流程及操作方法；
2. 独立进行干燥岗位开停车操作；
3. 应用计算机对现场数据进行采集、监控；
4. 掌握流化床曲线的测定方法。

课前预习

1. 化工中常用的干燥方法有哪些？
2. 生活中哪些地方需要干燥？

知识准备

一、平燥的工艺原理

固体干燥是利用热能将固－液两相物系中的液相汽化，并将蒸发的液相蒸气排出物系的非均相分离，例如将湿物料烘干、将牛奶制成奶粉等。

工业中，固体干燥有很多种方法，其中以对流干燥方法应用最为广泛。对流干燥是利用热空气或其他高温气体介质掠过物料表面，介质向物料传递热能，同时物料向介质中扩散湿分，以达到去湿的目的。对流干燥过程中，同时在气固两相间发生传热和传质过程，其过程和机理颇为复杂。对流干燥设备的形式多种多样，目前对流干燥过程的研究仍以实验研究为主。

这里主要讨论以热空气为干燥介质、湿分为水的对流干燥过程。如图 2–47 所示，湿空气经风机送入预热器，加热到一定温度后送入干燥器与湿物料直接接触，进行传质与传热，最后废气自干燥器另一端排出。

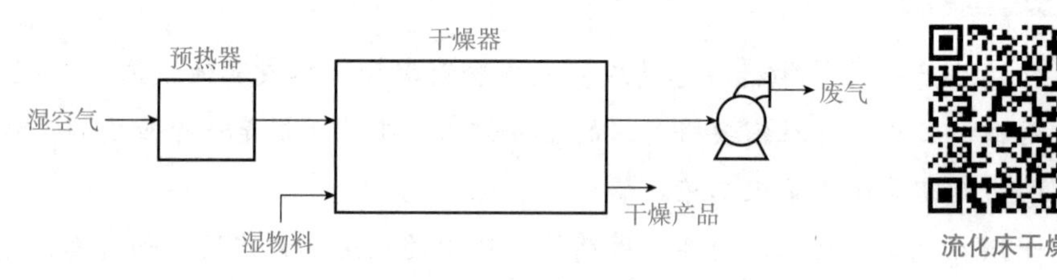

图 2–47　干燥过程示意

干燥若为连续过程，物料被连续地加入与排出，物料与气流接触可以是并流、逆流或其他方式。干燥若为间歇过程，湿物料被成批放入干燥器，达到一定的要求后再取出。干燥过程所需空气用量、热量消耗及干燥时间的确定均与湿空气的性质有关，为此，需了解湿空气的物理性质及相互关系。干燥过程进行的必要条件如下：

（1）湿物料表面水汽压力大于干燥介质水汽分压，压差越大，干燥过程进行得越迅速；

（2）干燥介质将汽化的水汽及时带走，以保持一定的汽化水分的推动力。

二、干燥曲线

在流化床干燥器中，颗粒状湿物料悬浮在大量的热空气流中进行干燥。在干燥过程中，湿物料中的水分随着干燥时间增加而不断减少。在恒定空气条件（空气的温度、湿度和流动速度保持不变）下，实验测定物料中含水率随时间的变化关系，将其标绘成曲线，即为湿物料的干燥曲线。湿物料含水率可以湿物料的质量为基准（称为湿基），或以干物料的质量为基准（称为干基）来表示。

当湿物料中干物料的质量为 m_c，水的质量为 m_w 时，则以湿基表示的物料含水率为

$$w=\frac{m_w}{m_c+m_w}\times 100\%$$

以干基表示的湿物料含水率为

$$X=\frac{m_w}{m_c}\times 100\%$$

湿含量的两种表示方法存在以下关系：

$$w=\frac{X}{1+X}$$

$$X=\frac{w}{1-w}$$

在恒定的空气条件下测得干燥曲线如图2–48（a）所示。显然，空气干燥条件的不同，干燥曲线的位置也将随之不同。

物料的干燥速率即水分汽化的速率。若以固体物料与干燥介质的接触面积为基准，则干燥速率可表示为

$$U=\frac{-m_c\mathrm{d}X}{A\mathrm{d}t}$$

若以干物料的质量为基准，则干燥速率可表示为

$$U'=\frac{-\mathrm{d}X}{\mathrm{d}t}$$

式中　m_c——干物料的质量（kg）；

A——气固相接触面积（m^2）；

X——物料的含水率 [kg（水）/kg（干物料）]；

t——气固两相接触时间，即干燥时间（s）。

由此可见，干燥曲线上各点的斜率即干燥速率。若将各点的干燥速率对固体的含水率标绘成曲线，即为干燥速率曲线，如图2–48（b）所示。干燥速率曲线也可采用干燥速率对自由含水率进行标绘。在实验曲线的测绘中，干燥速率值也可近似地按下列差分进行计算：

$$U'=\frac{-\Delta X}{\Delta t}$$

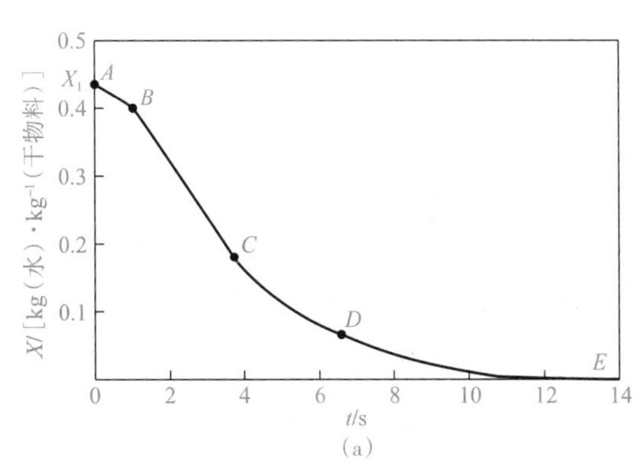

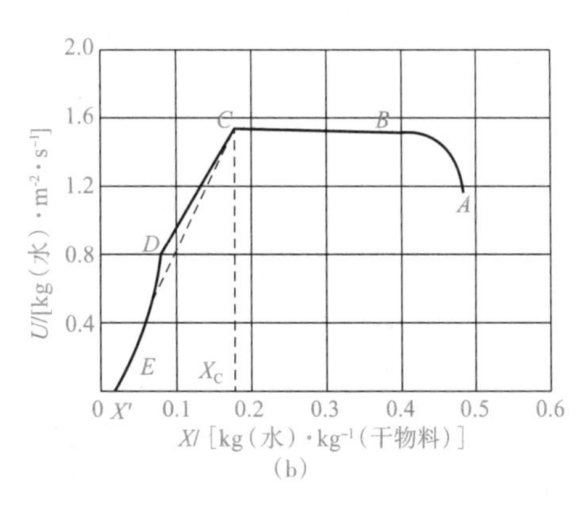

图 2–48　干燥曲线和干燥速率曲线

（a）干燥曲线；（b）干燥速率曲线

从干燥曲线和干燥速率曲线可知，在恒定干燥条件下，干燥过程可分为以下三个阶段：

（1）预热阶段。当湿物料与热空气接触时，热空气向湿物料传递热量，湿物料温度逐渐升高，一直达到热空气的湿球温度。这一阶段称为预热阶段，如图 2-52 中的 *AB* 段。

（2）恒速干燥阶段。由于湿物料表面存在液态的非结合水，热空气传给湿物料的热量，使表面水分在空气湿球温度下不断汽化，并由固相向气相扩散。在此阶段，湿物料的含水率以恒定的速度不断降低。因此，这一阶段称为恒速干燥阶段，如图 2-52 的 *BC* 段。

（3）降速干燥阶段。当湿物料表面非结合水已不复存在时，固体内部水分由固体内部向表面扩散后汽化，或者汽化表面逐渐内移，因此水分的汽化速率受内扩散速率控制，干燥速率逐渐下降，一直达到平衡含水率而终止。因此，这个阶段称为降速干燥阶段，如图 2-52 中的 *CDE* 段。

一般情况下，第一阶段相对于后两阶段所需时间要短得多，因此一般可略而不计，或归入 *BC* 段一并考虑。根据固体物料特性和干燥介质的条件，第二阶段与第三阶段相比，所需干燥时间长短不一，甚至有的可能不存在其中某一阶段。

第二阶段与第三阶段干燥速率曲线的交点称为干燥过程的临界点，该交叉点上的含水率称为临界含水率。

干燥速率曲线中临界点的位置，即临界含水率的大小，受众多因素的影响。它受固体物料的特性、物料的形态和大小、物料的堆积方式、物料与干燥介质的接触状态以及干燥介质的条件（湿度、温度和风速）等因素的复杂影响。例如，同样的颗粒状固体物料在相同的干燥介质条件下，在流化床干燥器中干燥较在固定床中干燥的临界含水率要低。因此，在实验室中模拟工业干燥器，测定干燥过程临界点的临界含水率，以及干燥曲线和干燥速率曲线，具有十分重要的意义。

三、干燥的工艺流程

干燥的工艺流程如图 2-49 所示。

空气由鼓风机 C501 送到电加热炉 E501 加热后，分别进入卧式流化床 T501 的三个气体分配室，然后进入流化床床层，在床层上与固体湿物料进行传热、传质后，由流化床上部扩大部分沉降分离固体物后，经旋风分离器 F501、布袋分离器 F502 分级除尘后分为两路，一路直接放空，另一路经循环风机 C502 提高压力后送入卧式流化床干燥器的三个气体分配室作为补充气体和热能回收利用。

固体湿物料由星型下料器 E502 加入，经其控制流量后缓慢进入卧式流化床 T501 床层，经热空气流化干燥后由出料口排入干燥出料槽 V501。

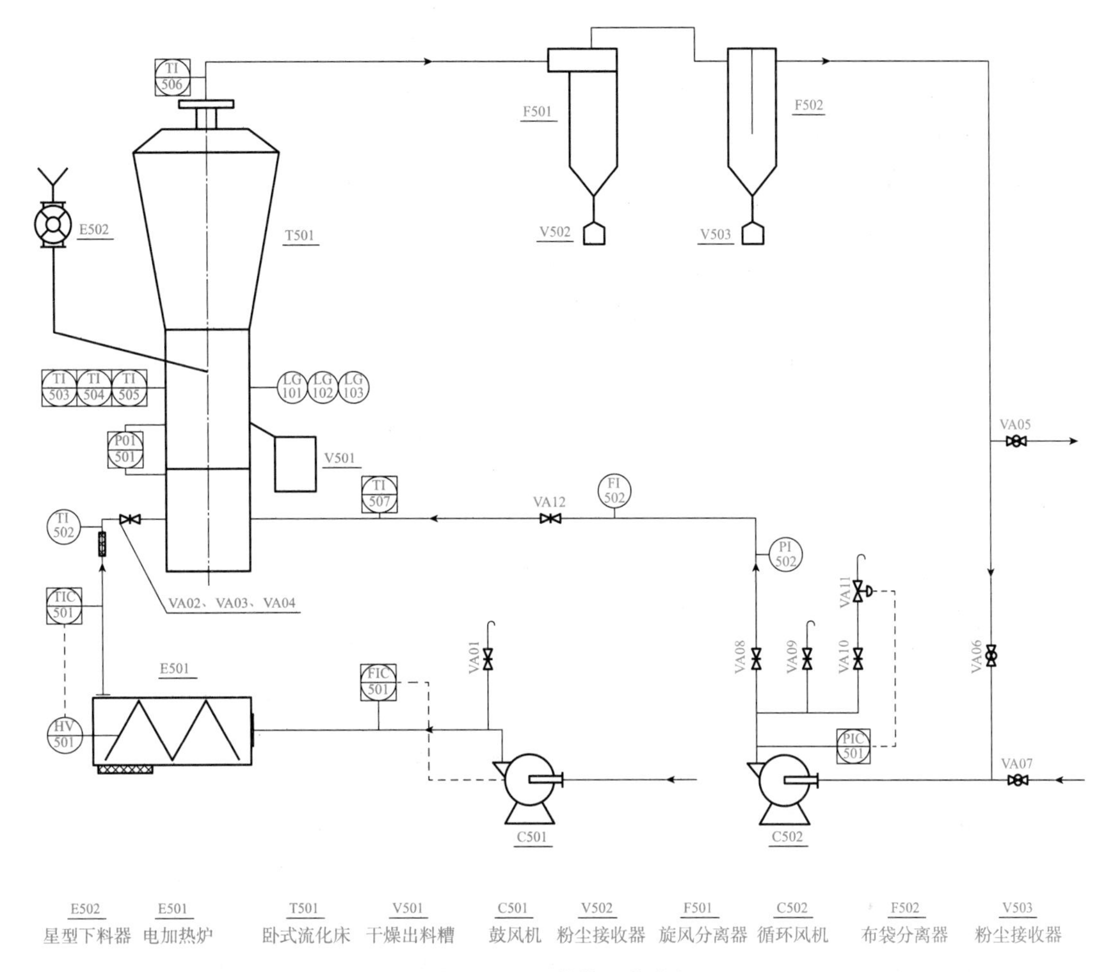

图 2-49　干燥的工艺流程

四、干燥的生产技术指标

在化工生产中，对各工艺变量有一定的控制要求。有些工艺变量对产品的数量和质量起着决定性的作用。有些工艺变量虽不直接影响产品的数量和质量，然而保持其平稳是使生产获得良好控制的前提。例如，床层的温度和压差对干燥效果起很重要的作用。

为了满足实训操作需求，生产技术指标控制可以有两种方式：一是人工控制；二是自动控制。使用自动化仪表等控制装置来代替人的观察、判断、决策和操作。

先进的控制策略在化工生产过程中的推广应用，能够有效提高生产过程的平稳性和产品质量的合格率，对于降低生产成本、节能减排降耗、提升企业的经济效益具有重要意义。

1. 各项工艺操作指标

（1）物料：小米相对密度为 1.0 ～ 1.2 或粒径 1 ～ 2 mm 的其他易吸水的固体物料。

（2）物料湿含量：20% ～ 30%。

（3）流化床进气温度：70 ～ 80 ℃。

（4）流化床床层温度：50 ～ 60 ℃。

（5）流化床床层压降：≤ 0.3 kPa。

（6）气体流量：80 ～ 120 m^3/h。

（7）循环风机出口压力：4 ～ 5 kPa。

（8）循环气体流量：80 ～ 110 m^3/h。

（9）星型下料器转速：200 ～ 400 r/min。

（10）尾气放空量：适量（由物料湿度决定）。

2. 主要控制点的控制方案

（1）流化床进口温度控制如图 2-50 所示。

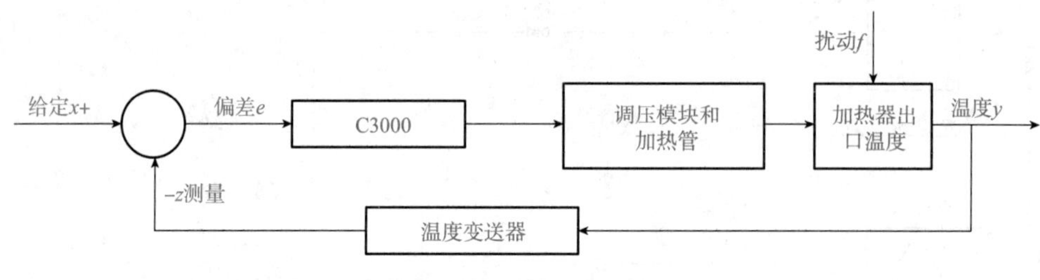

图 2-50　流化床进口温度控制

（2）循环气体压力控制如图 2-51 所示。

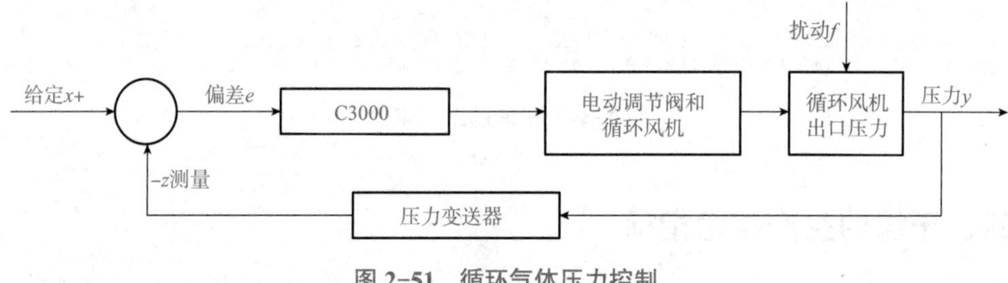

图 2-51　循环气体压力控制

（3）进口风机流量控制如图 2-52 所示。

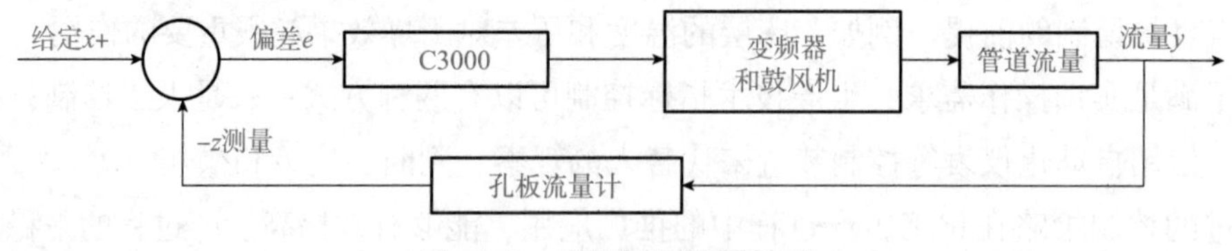

图 2-52　进口风机流量控制

（4）报警连锁。在鼓风机 C501 和电加热炉 E501 加热功率之间设置了连锁，只有鼓风机 C501 开启的情况下，电加热炉 E501 加热功率才可以开启。

任务实践

一、任务实施

1. 开车准备

（1）由相关操作人员组成装置检查小组，对本装置所有设备、管道、阀门、仪表、电气、照明、分析、保温等按工艺流程图要求和专业技术要求进行检查。

（2）检查所有仪表是否处于正常状态。

（3）检查所有设备是否处于正常状态。

（4）试电。

1）检查外部供电系统，确保控制柜上所有开关均处于关闭状态。

2）开启外部供电系统总电源开关。

3）打开控制柜上空气开关 33（QF1）。

4）打开装置仪表电源总开关 10（QF2），打开仪表电源开关 8（SA1），查看所有仪表是否通电，指示是否正常。

5）将各阀门顺时针旋转操作到关的状态。检查孔板流量计正压阀和负压阀是否均处于开启状态（实验中保持开启）。

（5）准备原料。取物料变色硅胶（硅胶颗粒既不能为蓝色，也不能有水滴出为宜）5～8 kg，加水配制其湿含量为 20%～30%。

2. 正常开车

（1）依次打开卧式流化床 T501 各床层进气阀 VA02、VA03、VA04 和放空阀 VA05。

（2）启动鼓风机 C501，通过鼓风机出口放空阀 VA01 手动调节其流量为 80～120 m^3/h，此时变频控制为全速；也可以关闭放空阀 VA01，直接通过变频控制流量为 80～120 m^3/h。

（3）启动电加热炉 E501 加热系统，并调节加热功率使空气温度缓慢上升至 70～80 ℃，并趋于稳定。

（4）微开放空阀 VA05，打开循环风机进气阀 VA06、循环风机出口阀 VA08、循环流量调节阀 VA12，打通循环回路。

（5）启动循环风机 C502，开循环风机出口压力调节阀 VA10，通过循环风机出口压力电动调节阀 VA11 控制循环风机出口压力为 4～5 kPa。

（6）待电加热炉出口气体温度稳定、循环气体流量稳定后，开始进料。

（7）将配制好的物料加入下料斗，启动星型下料器 E502，控制加料速度，并且注意观察流化床床层物料状态和厚度。

注：根据物料的湿度和流动性，通过流化床内的螺钉调节各床层间栅栏的高度，保证物料顺畅流下。

3. 正常运行

（1）物料进入流化床体初期应根据物料被干燥状况控制出料，此时可以将物料布袋封起，物料循环干燥，待物料流动顺畅时，可以连续出料。

（2）调节流化床各床层进气阀（VA02、VA03、VA04）的开度和循环风机出口压力PIC501，使三个床层的温度稳定在 55 ℃左右，并能观察到明显的流化状态。

（3）观察流化状态，填写操作报表。

4. 正常停车

（1）关闭星型下料器 E502，停止向卧式流化床 T501 内进料。

（2）当流化床体内物料排净后，关闭电加热炉 E501 的加热系统。

（3）打开放空阀 VA05，关闭循环风机进口阀 VA06、出口阀 VA08，停循环风机C502。

（4）当电加热炉 E501 出口温度降到 50 ℃以下时，关闭流化床各床层进气阀 VA02、VA03、VA04，停鼓风机 C501。

（5）清理干净卧式流化床、粉尘接收器内的残留物。

（6）依次关闭直流电源开关、仪表电源开关、报警电源开关以及空气开关 QF2，关闭控制柜空气开关 QF1。

（7）切断总电源，场地清理。

5. 结果分析表

结果分析表见表 2–27。

表 2–27　结果分析表

班级:__________　　姓名:__________　　学号:__________

风量:__________m^3/h　　床层温度:__________℃

流化床进口温度:__________℃　　流化床出口温度:__________℃

编号	时间	干燥前毛重 /g	干燥后毛重 /g	干燥后净重 /g	器皿质量 /g	含水量 /g
1						
2						
3						
4						
5						
6						
7						
8						
9						
10						

二、任务评价

流化床干燥操作考核评分表见表2-28。

表2-28 流化床干燥操作考核评分表

（考核时间：60 min）

序号	考核内容	考核要点	配分	评分标准	检测结果	得分	备注
1	准备工作	穿戴劳保用品	3	未穿戴整齐扣3分			
2		人员分工等	2	分工不明确扣2分			
3	操作程序	检查现场相关设备、仪表和控制台仪电系统是否完好备用	3	漏查1项扣1分			
4		检查所有阀门开关状态是否处于正确状态	5	漏查1道阀门扣0.5分			
5		正确开启鼓风机电源、电加热炉电源，风量不能小于50 m^3/h	5	不正确1项扣1分			
6		检查床层内及流化床加料器变色硅胶的多少和位置	10	不按要求操作扣1～10分			
7		规范开启鼓风机和循环风机	5	不按要求操作扣1～5分			
8		正确调节风量	10	不按要求操作扣1～10分			
9		正确调节床层温度	10	不按要求操作扣1～10分			
10		准备好取样容器，隔5 min打开阀门取样，做记录	10	不按要求操作扣1～10分			
11		规范停电加热炉	5	不按要求操作扣1～5分			
12		规范停鼓风机和循环风机	10	不按要求操作扣10分			
13		关闭仪表电源	5	不按要求操作扣1～5分			

续表

序号	考核内容	考核要点	配分	评分标准	检测结果	得分	备注
14	操作程序	现场阀门归为初始状态	3	漏1道阀扣0.5分			
15		控制台仪表设定值归零	2	漏1块仪表扣1分			
16		关闭总电源	2	漏关扣2分			
17		计算含水率	10	方法错扣5～10分，结果错扣2分			
18	安全及其他	按照国际法规或者有关规定	—	违规一次总分扣5分；严重违规停止操作，总分为零分			
19		在规定时间内完成操作	—	每超过1 min总分扣5分，超过3 min停止操作			
合计							

三、总结反思

（1）不同物料和工艺要求也需要采取不同的干燥方法，常见的干燥方法有哪些?

（2）同样湿度的空气，温度对干燥的影响有哪些?

（3）根据评价结果，总结自我不足。

项目3

综合实训项目

项目描述

基于前面化工单元操作项目的学习，本项目选取企业中具有代表性的典型工艺单元，结合企业实际工艺，将各化工单元操作联系起来完成产品生产的综合实训项目，以期完成对综合职业能力和创新能力的培养。项目属于氯碱化工典型工艺单元，贴近企业实际应用，能有效地提高学生对本专业知识在实践技能应用中的学习兴趣，方便学生了解企业生产，认识企业实际岗位技能要求。

项目目标

1. 掌握基本化工单元操作，了解行业企业岗位及职业能力要求；

2. 掌握化工生产的基本概念、产品、原材料的性质和规格以及常用工艺指标；

3. 了解岗位任务和范围以及企业对岗位员工的职责要求；

4. 能分析和掌握各产品工艺流程。

任务3.1　氯乙烯岗位操作

学习目标

知识目标

1. 了解氯乙烯生产岗位的任务、岗位责任；
2. 了解产品及原料的性质和规格；
3. 掌握氯乙烯生产岗位的工艺流程及工艺原理。

能力目标

能够按照氯乙烯生产岗位工艺流程进行安全操作，在应急状态下能够进行问题的分析和处置。

素质目标

树立制造业是立国之本、兴国之器、强国之基的理念。

任务导入

本任务是以氯碱工业主要产品氯乙烯为例，了解国内氯碱工业的发展。以目前氯碱工业的产能和产量在全球位居前列甚至首位的表现，证明了中国的制造大国地位。同时，在学习了流体输送、传热、吸收解吸、精馏等一系列单元操作后，将各单元操作植入具体生产岗位环节，加强对化工单元操作的理解和应用。

任务描述

1. 掌握转化岗位操作范围及任务要求；
2. 掌握精馏岗位操作范围及任务要求。

课前预习

氯乙烯合成原理。

知识准备

一、岗位任务和操作范围

1. 岗位任务

（1）转化岗位任务。本工序主要任务是利用乙炔工序送来的精制乙炔气体及氯化氢工序送来的氯化氢气体，在转化器内通过氯化汞触媒作用，生成粗氯乙烯气体，经脱汞和净化处理，送压缩工序。

（2）精馏岗位任务。将净化后的氯乙烯气体经机前冷却器进一步脱水、压缩机加压到 0.55 MPa 以上，经冷凝液化成氯乙烯液体，粗氯乙烯精馏提纯后得到合格的氯乙烯单体，输送至聚合工序，生产聚氯乙烯树脂。

2. 岗位操作范围

（1）转化岗位操作范围。负责从乙炔总管和氯化氢总管上的第一个手动阀门开始到出碱洗塔的最后一个阀门前的所有设备、管道、仪表及阀门等，包括混合脱水、转化、盐酸组合吸收、碱洗、含汞废水等单元。

（2）精馏岗位操作范围。负责压缩、精馏、储存、变压吸附、含汞废水等单元。

二、岗位职责和要求

（1）遵守公司各项规章制度及管理规定，按照操作规程办事，不准违章违纪、各行其是。

（2）坚决服从上级领导对生产的正确指挥，服从班组的调配，按照指令完成岗位生产任务，认真做好安全生产工作。

（3）按照本岗位的工作要求，在做好本职工作的同时，加强岗位间的密切配合与联系，要顾全大局，积极发扬团结协作的精神。

（4）负责本岗位的开停车操作、正常操作和控制。

（5）负责本岗位的异常情况判断和及时处理。

（6）巡回检查本岗位所属设备、管道、阀门、仪表等。

（7）保持本岗位设备、仪表和环境卫生处于良好状态，做到文明生产。

（8）负责本岗位的安全生产及环保工作。

（9）负责管理本岗位的所有设备、管道、阀门等正常操作和维护。

（10）以高度的职业道德，实事求是地反映生产实际情况，及时准确地填写本岗位原始记录，不得弄虚作假或胡填乱写，保持记录清洁、完整、准确。

（11）要及时发现并排除生产中的各种故障，为下一班创造有利的生产条件，要及时地请示和汇报工作。

（12）负责现场突发事件的抢险及撤离工作。

三、产品及原材料性质和规格

1. 氯乙烯气体

学名：氯乙烯（VC），分子式：C_2H_3Cl，分子量：62.5。

（1）物理性质。在常温常压下，氯乙烯是一种无色有乙醚香味的气体，密度大于空气，泄漏后处于空间下层，不易扩散。其沸点为 −13.9 ℃，凝固点为 −159.7 ℃，临界温度为 142 ℃，临界压力为 5.29 MPa。

（2）化学性质。氯乙烯分子中含有不饱和双键和不对称氯原子，因而可以加成、与其他单体共聚，也能与多种无机或有机化合物进行反应。氯乙烯易燃，与空气混合形成爆炸性混合物，爆炸范围 4% ～ 21.7%（体积比），在氧气中的爆炸极限为 3.6% ～ 72%。

（3）毒性。氯乙烯对人有麻醉作用，对肝脏有影响，可使人中毒。当浓度在 0.1% 以上时，人开始有麻醉现象，表现为困倦、注意力不集中，随后出现视力模糊，走路不稳；当浓度达 20% ～ 40% 时，可使人产生急性中毒，呼吸缓慢以致死亡，长期接触可引起氯乙烯病。

1）急性中毒。轻度中毒时，病人出现眩晕、胸闷、嗜睡、步态蹒跚等；严重中毒时，病人可发生昏迷、抽搐，甚至造成死亡。皮肤接触氯乙烯液体可致红斑、水肿或坏死。

2）慢性中毒。表现为神经衰弱综合征、肝肿大、肝功能异常、消化功能障碍、雷诺氏现象及肢端溶骨症，皮肤可出现干燥、皲裂、脱屑、湿疹等。

（4）规格。氯乙烯气体纯度≥ 80%，含乙炔≤ 2%。

2. 乙炔

学名：乙炔，分子式：C_2H_2，分子量：26。

（1）物理性质。纯乙炔为无色无味的易燃、有毒气体，电石制得的乙炔因混有硫化氢、磷化氢、砷化氢而带有特殊的臭味。其熔点（118.65 kPa）为 −84 ℃，沸点为 −80.8 ℃。

（2）化学性质。化学性质很活泼，能发生加成、氧化、聚合及金属取代等反应，爆炸极限为 2.1% ～ 80%。

（3）毒性。纯乙炔属微毒类，具有弱麻醉和阻止细胞氧化的作用。高浓度时排挤空气中的氧，引起单纯性窒息作用。

（4）规格。纯度≥ 98.5%，不含 S、P，含氧≤ 1%。

3. 氯化氢

学名：氯化氢，分子式：HCl，分子量：36.46。

（1）物理性质。氯化氢是无色而有刺激性气味的气体。它易溶于水，在 0 ℃时，1 体积的水大约能溶解 500 体积的氯化氢，在空气中吸收水分后变为白色酸雾。熔点为 −144.8 ℃，沸点为 −84.9 ℃，气体密度为 1.628 g/L（0 ℃，1 atm），临界温度为 51 ℃，临界压力为 82 atm；氯化氢的水溶液呈酸性，叫作氢氯酸，习惯上叫盐酸。

（2）化学性质。可和不饱和炔烃发生加成反应。

（3）毒性。氯化氢局部作用引起的症状有结膜炎、角膜坏死、损伤皮肤和黏膜，导致具有剧烈疼痛感的烧伤。吸入后，引起鼻炎、鼻中隔穿孔、牙糜烂、喉炎、支气管炎、肺炎、头痛、心悸和窒息感。咽下时，刺激口腔、喉、食管及胃，引起流涎、恶心、呕吐、肠穿孔、寒战及发热、不安、休克、肾炎。

（4）规格。纯度 94% ～ 96%，不含游离氯。

4. 氯化汞

别名：二氯化汞、氯化高汞、升汞，分子式：$HgCl_2$。

（1）物理性质。无色白色结晶粉末，溶于水、乙醇、丙醇 、醚，常温微量挥发，遇光逐渐分解，有剧毒，熔点为 277 ℃，升华温度为 305 ℃，应避光密封保存。

（2）化学性质。氯化汞与氢氧化钠作用生成黄色沉淀。氯化汞溶液中加过量的氨水，得白色氯化氨基汞 $Hg(NH_2)Cl$ 沉淀。$HgCl_2$ 的水溶液接近不导电，即使在很稀的溶液中，它的电离度也不超过 0.5%。这说明 $HgCl_2$ 在溶液里主要是以分子形式存在的，只有少量的 $HgCl^+$、Hg^{2+} 和 Cl^- 离子。

（3）毒性。急性中毒有头痛、头晕、乏力、失眠、多梦、口腔炎、发热等全身症状。氯化汞对狗的致死量经口为 10 ～ 15 mg/kg，静脉注射为 4 ～ 5 mg/kg；而氯化亚汞（甘汞）经口则为 210 mg/kg。急性中毒动物有食欲减退、多饮水、流涎、呕吐、血便和腹泻、眼部炎症、全身软弱无力、步态不稳、兴奋性增高等表现，有些动物有震颤、瘫痪，有时抽搐。氯化汞所致猝死主要是由于心脏传导系统及脊髓的损害，1 ～ 3 d 内死亡者有胃肠损害，5 d 后死亡见肾损害，主要为近曲小管广泛性坏死，可诱发急性肾功能衰竭。胃肠损害表现为黏膜炎症、出血性溃疡（常见于大肠），并有肝细胞变性。口服可发生急性腐蚀性胃肠炎，严重者昏迷、休克，甚至发生坏死性肾病致急性肾功能衰竭。对眼有刺激性，可致皮炎。

（4）氯化汞触媒技术参数。

1）氯化汞含量 5.8% ～ 6.5%；

2）水分（H_2O）含量 ≤ 0.3%；

3）机械强度 ≥ 95%；

4）填装密度 ≤ 580 g/L；

5）粒径 ϕ3.2 ～ 4.2 mm；

6）粒度 ϕ3 ～ 6 mm ≥ 95%。

5. 活性炭

（1）物理性质。黑色粒状物或粉末，无嗅、无味、无砂性，不溶于任何溶剂，对各种气体有选择性的吸附能力，用于色谱试剂、吸附剂，粒状物可用作催化剂的载体，由碳制得，属易燃品。

（2）规格。粒度 ϕ3.5 mm ×（3.5 ～ 6）mm，机械强度 >90%。

6. 氢氧化钠

俗名：烧碱、苛性钠、火碱、固碱。分子式：NaOH，分子量：40.01。

（1）物理性质。白色固体，易潮解，有块状、片状、棒状、粒状等。质脆，能溶于水，溶解时放出大量的热。水溶液为无色或淡蓝色液体，稀溶液对皮肤有滑腻感，浓碱液可烧伤皮肤。相对密度为 2.12（20 ℃ /4 ℃），熔点为 318.4 ℃，沸点为 1 390 ℃。

（2）化学性质。不会燃烧，固体遇水大量放热，液体具有腐蚀性，遇酸发生中和反应并放热，能吸收空气中 CO_2。

（3）毒性。无毒，属碱性腐蚀品。

（4）规格。纯度≥ 32%。

7. 盐酸

学名：盐酸、氢氯酸，分子式：HCl，分子量：36.46。

（1）物理性质。盐酸为无色或微黄色发烟液体，有刺鼻的酸味。熔点为 −114.8 ℃，沸点为 108.6 ℃，相对密度（相对于水）为 1.2，溶解性表现为与水混溶，溶于碱液。

（2）化学性质。能与一些活性金属粉末发生反应，放出氢气；遇氰化物能产生剧毒的氰化氢气体；与碱发生中和反应，并放出大量的热，具有较强的腐蚀性。

（3）毒性。接触盐酸蒸气或烟雾，可引起急性中毒，出现眼结膜炎，鼻及口腔黏膜有烧灼感，鼻衄、牙龈出血、气管炎等。误服可引起消化道灼伤、溃疡形成，有可能引起胃穿孔、腹膜炎等。眼和皮肤接触可致灼伤。长期接触，引起慢性鼻炎、慢性支气管炎、牙齿酸蚀症及皮肤损害。

8. 液体氯乙烯单体

学名：液体氯乙烯单体（VCM），分子式：C_2H_3Cl，分子量：62.5。

将氯乙烯气体稍加压力就得到液体氯乙烯。液体氯乙烯与一般液体一样，温度越高，密度越小。其规格为纯度≥ 99.99%。其他性质与氯乙烯相同。

9. 二氯乙烷

学名：1, 2- 二氯乙烷（EDC），分子式：$C_2H_4Cl_2$，分子量：98.97。

（1）理化性质。无色或浅黄色透明液体，有类似氯仿的气味。熔点 / 凝固点为 −35.7 ℃ ，沸点为 83.5 ℃，相对密度（水 =1）为 1.26，临界压力为 5.36 MPa。微溶于水，可混溶于醇、醚、氯仿。空气中最高容许浓度为 15 mg/m^3。易燃，其蒸气与空气可形成爆炸性混合物，遇明火、高热能引起燃烧爆炸。受高热分解产生有毒的腐蚀性烟气。与氧化剂接触发生反应，遇明火、高热易引起燃烧，并放出有毒气体。其蒸气比空气密度大，沿地面扩散并易积存于低洼处，遇火源会着火回燃。

（2）规格。二氯乙烷纯度 ≥ 98%。

四、岗位生产工艺原理

1. 混合脱水原理

乙炔和氯化氢混合冷冻脱水的温度一般控制在（−14 ± 2）℃。混合冷冻脱水时，原料气中水分被氯化氢吸收后呈 40% 盐酸雾析出，混合气中的含水率取决于该温度下 40% 盐酸溶液上的蒸气分压。也就是说，在石墨冷却器和酸雾过滤器中，混合冷冻温度越低，水分含量也越小。

2. 氯乙烯合成原理

（1）反应方程式。

$$\underset{（乙炔）}{CH\equiv CH} + \underset{（氯化氢）}{HCl} \xrightarrow{HgCl_2} \underset{（氯乙烯）}{CH_2=CHCl} + 124.8\ kJ/mol\ (29.8\ kcal/mol)$$

其上述反应按外扩散→内扩散→表面反应→内扩散→外扩散五个步骤进行。

（2）反应机理。在氯化汞触媒存在时，乙炔与氯化氢合成氯乙烯的反应机理如下：

乙炔先与氯化汞加成生成中间加成物氯乙烯氯汞，即

$$CH\equiv CH + HgCl_2 \longrightarrow ClCH=CH{-}HgCl$$

此中间加成物很不稳定，通过氯化氢即分解成氯乙烯，即

$$ClCH=CH{-}HgCl + HCl \longrightarrow CH_2=CHCl + HgCl_2$$

当乙炔与氯化氢的分子比小时，所生成的氯乙烯能再与氯化氢加成生成 1，1- 二氯乙烷，即

$$CH_2=CHCl + HCl \longrightarrow CH_3-CH-Cl_2$$

反之，当乙炔和氯化氢的分子比大时，则过量的乙炔使氯化汞催化剂还原成氯化亚汞或金属汞，使触媒脱去活性，同时生成副产物二氯乙烯，即

$$CH\equiv CH + HgCl_2 \longrightarrow ClCH=CH-HgCl \xrightarrow{HgCl_2}$$

$$ClHg-\underset{\substack{|\\Cl}}{CH}-\underset{\substack{|\\Cl}}{CH}-HgCl \longrightarrow ClCH=CHCl + \underset{（氯化亚汞）}{Hg_2Cl_2}$$

或 $CH\equiv CH + HgCl_2 \longrightarrow Cl-CH-CH-Cl \longrightarrow Hg + ClCH=CHCl$（两个 CH 与 Hg 相连成环）

3. 净化系统工艺原理

（1）除汞器工艺原理。活性炭比表面积大，具有强烈的吸附性能，同时对气体混合物有选择吸附性。物料的沸点越高，活性炭对其选择吸附性越强，随着沸点降低，选择吸附性下降。除汞器中填装活性炭，对来自转化器中的粗氯乙烯进行吸附，将催化剂中升华的催化剂除去。

（2）盐酸组合吸收及碱洗吸收原理。盐酸组合吸收装置可以一次性回收过量 HCl，以制取 31% ～ 35% 的浓盐酸。从合成气氯乙烯中回收氯化氢，组合吸收塔技术核心设备是氯化氢组合吸收塔，塔内可分为浓酸吸收区、稀酸吸收区、清水吸收区 3 个区。含氯化氢 5% ～ 10% 的氯乙烯混合气（开车阶段浓度允许远高于此比例），进入组合吸收塔下部，由下而上经过各区域冷却、吸收后，99.5% 以上的氯化氢被除去，脱除氯化氢

的氯乙烯气体从塔顶排出，送碱洗塔进一步精制，清水（或脱吸后酸性废水）从顶层塔板连续加入，浓度 31% ～ 35% 的浓盐酸由下段出料口连续排出。此酸可作为脱吸装置原料经脱吸制氯化氢气体返回混脱部分供合成氯乙烯用。脱吸所得 20% 稀盐酸大部分（约 95% 的量）回收至组合吸收塔浓酸区，作为氯化氢吸收剂提浓至 31% ～ 35% 的浓盐酸再进入浓酸脱吸系统，小部分（约 5% 的量）进入稀酸脱吸装置进行深度脱吸，制成 HCl 送混脱部分，以增加盐酸组合吸收装置的产量，提高工厂效益。深脱吸另一产品 1% 以下 HCl 的酸性废水作为组合吸收塔 HCl 吸收剂，以达到废水循环使用。真正做到 HCl 全回收、废水零排放。

碱液吸收 HCl 和 CO_2 的过程是化学反应，情况较为复杂，这一类吸收通常称为化学吸收。所用碱液为 10% ～ 15% 的氢氧化钠溶液。

用 NaOH 溶液吸收合成气微量的 HCl 和 CO_2 的化学反应方程式如下：

$$NaOH + HCl \longrightarrow NaCl + H_2O$$

$$2NaOH + CO_2 \longrightarrow Na_2CO_3 + H_2O$$

对 NaOH 与 CO_2 反应的研究表明，实际上，NaOH 溶液吸收 CO_2 存在下述两个反应：

$$NaOH + CO_2 \longrightarrow NaHCO_3$$

$$NaHCO_3 + NaOH \longrightarrow Na_2CO_3 + H_2O$$

以上两个反应进行是很快的，当有过量的 NaOH 存在时，反应一直可以向右进行，生成的 $NaHCO_3$ 可以全部生成 Na_2CO_3。因此，实际上可以将合成气中的微量 CO_2 绝大多数清除，但是，如果溶液中的 NaOH 全部生成 Na_2CO_3，这时 Na_2CO_3 虽然还有吸收 CO_2 的能力，但反应进行得相当缓慢，其反应式可用下式表示：

$$Na_2CO_3 + CO_2 + H_2O \longrightarrow 2NaHCO_3$$

由于溶液中没有 NaOH，因此同上式生成的 $NaHCO_3$ 就不再消失，因为 $NaHCO_3$ 溶液在水中的溶解度很小，极易沉淀，堵塞管道和设备，使生产不能正常进行，所以溶液中必须保持一定量的 NaOH 使 $NaHCO_3$ 不出现。另外，Na_2CO_3 和 $NaHCO_3$ 的溶解度受温度的影响很大，所以废碱排放指标冬夏不一样。

4. 精馏原理

精馏就是精制分馏，整个过程是物理变化过程，无化学反应。液体混合物的精馏过程，是基于不同组成混合物的不同物质具有不同的挥发度，也就是具有不同的蒸气压和不同的沸点，在恒压下降低温度和升高温度，根据各物质在气相和液相中的组成差异获得分离。简单讲，分馏就是根据混合物中各种物质的沸点不同而在不同沸点下除去某些物质的一种过程。

粗氯乙烯成分分低沸物、高沸物，因此，分馏在两个塔中进行，一个塔除去低沸物，称为低沸塔，另一个塔除去高沸物，称为高沸塔。低沸塔塔顶蒸出乙炔、氮气、氢气等低沸物，低沸塔塔釜为氯乙烯、二氯乙烷、乙醛等相对高沸物；高沸塔塔顶蒸出合格的氯乙烯单体，塔釜排出二氯乙烷、乙醛等高沸物。

影响精馏的主要因素如下。

（1）压力。氯乙烯在常温下的沸点为 -13.9 ℃，压力升高，沸点也相应升高。因乙炔及其低沸物的存在，混合物沸点相应降低（常压下，氯乙烯（VC）为低沸物，如 VC-C_2H_2 混合物沸点为 -13.9 ～ 83.6 ℃），并随着混合物中乙炔含量的增加，混合物的沸点也下降。当提高低沸塔操作压力时，VC-C_2H_2 混合物沸点升高，制冷剂温度也相应升高，可减少制冷的动力消耗。然而，当压力太大时，达到同样的分离程度理论板数增加，对 VC-C_2H_2 分离反而不利。

精馏低沸塔操作压力一般控制为 0.54 ～ 0.6 MPa，这样可使粗氯乙烯气体的冷凝温度相应升高，减少制冷的动力消耗，低沸塔塔釜用转化器循环热水作为热媒加热，使含高沸物的氯乙烯混合物在 35 ～ 45 ℃沸腾汽化。

精馏高沸塔所处理的氯乙烯 - 高沸物混合液的沸点，则因高沸物的存在而使混合液沸点比低沸塔混合液高，适当降低压力可以减少高沸塔所需的理论板数，减少高沸塔塔釜结焦，高沸塔操作压力在 0.25 ～ 0.35 MPa，塔顶排出的高纯度 VC 气体，可用 5 ℃水作为冷媒，使其在 25 ～ 30 ℃冷凝为液态成品单体；塔釜也可用转化器循环热水加热，使含较多高沸物的 VCM 混合液在 30 ～ 40 ℃下沸腾汽化。

（2）温度。低沸塔和高沸塔的塔顶、塔釜温度也是影响精馏质量的主要因素。若低沸塔塔顶温度或塔釜温度过低，易使塔顶馏分（C_2H_2/ 低沸物 -VC）中的 C_2H_2 组分冷凝或塔底液 C_2H_2 蒸出不完全，使塔底馏分（作为高沸塔加料液）C_2H_2 含量增加，影响 VC 质量；若塔顶温度或塔釜温度过高，则使塔顶馏分中 VC 浓度增加，势必增加尾气冷凝器的负荷，以致降低产品收率。若高沸塔塔釜温度过高，不但易使塔底馏分（VC-EDC 等）中的 EDC 蒸出，塔顶馏分（作为高纯度单体）EDC 含量增加影响 VC 质量，还会导致蒸出釜列管中多氯烃的分解、炭化、结焦，影响传热效果，甚至影响塔的连续正常运行。

（3）回流比。回流比是指精馏段内液体回流量与塔顶馏出液量之比。回流比一般靠调节塔顶冷凝器的温度来控制，VC 精馏过程大部分采用塔顶冷凝器的内回流，不能直接按最佳回流量和回流比来操作控制。实际操作中，当发现质量差而增加塔顶冷凝量时，实质上就是提高回流比和降低塔顶温度，增加理论板数即增大回流比，可提高产品质量，但若使冷凝量和回流比增加太多，势必使塔釜温度下降而影响塔底混合物组成，因此，又必须相应地增加塔釜加热蒸发量，使塔顶和塔底温度维持应有的水平，所不同的是向下流的液体和向上升的蒸气增加（能量消耗也相应增加）。因此，一般情况下，不宜采用过大的回流比，对于内回流式系统，也可通过冷盐水通入量和温差测定，获得总换热量，再由气体冷凝热估算冷凝回流量，一般低沸塔的回流比为 5 ～ 10，高沸塔的回流比为 0.2 ～ 0.6。

（4）塔釜液面。塔釜液面应维持在一定范围内。液面过低易于蒸干；液面过高将会使塔层塔板失效，造成产品质量的波动，一般控制在一半液位左右（指液位计）。

（5）惰性气体和水分的影响。

1）惰性气体的影响。由于 VCM 合成反应的原料 HCl 气体是由 H_2 和 Cl_2 合成的，纯度一般为 90% ～ 96%，余下组分为 H_2、N_2 等不凝气体。这些不凝气体含量虽低，却能在精馏系统的冷凝设备中产生不良后果。原料 HCl 气体中含有 5% ～ 10% 惰性气体，对 VCM 气体的冷凝过程产生很大的影响，所得总传热系统远低于冷凝器，而和气体的冷却过程近似，因此提高 HCl 气体纯度，对减少 VCM 精馏尾气放空损失和提高精馏效率都具有重要的意义。

2）水分的影响。在精馏系统中，水分的存在是产生自聚物的主要原因，其易产生酸性物质腐蚀设备，并产生铁离子存在于单体中，将使聚合后的树脂色泽变黄或成为黑点杂质，铁离子在 HCl 和水的存在下，又将促使系统中氧与 VC 生成更多的过氧化物。这种过氧化物既能水解，又能引发 VC 的聚合，生成聚合度较低的 PVC，造成塔盘部件的堵塞而被迫停车。

VCM 的脱水方法包括机前预冷器冷凝脱水、水分离器借重度差分层脱水、液态 VC 固碱脱水。

5. 含汞废水工艺原理

根据对含汞废水的水质分析，采用化学沉淀微米膜分离技术处理含汞废水，这是一种化学法和物理法的组合工艺。首先在废水中加入除汞剂（一种含有螯合剂、硫化物的混合物），这种除汞剂属缓释型药剂，仅释放与自来水中汞含量等剂量的有效因子，释放的有效因子与废水中的汞发生化学反应，形成难溶于水的汞化合物；再通过沉淀分离和过滤分离的方式将汞化合物与水分离，达到净化目的。

6. 变压吸附工艺原理

当气体分子运动到固体表面上时，由于固体表面原子的剩余引力作用，气体中的一些分子便会暂时停留在固体表面上，这些分子在固体表面上的浓度增大，这种现象称为气体分子在固体表面上的吸附。相反，固体表面上被吸附的分子重新返回气相的过程称为解吸或脱附。被吸附的气体分子在固体表面上形成的吸附层，称为吸附相。当气体是混合物时，由于固体表面对不同气体分子的引力差异，吸附相组成与气相组成不同，这种气相与吸附相在密度上和组成上的差别构成了气体吸附分离技术的基础。

吸附物质的固体称为吸附剂，被吸附的物质称为吸附质。伴随吸附过程所释放的热量叫作吸附热，解吸过程所吸收的热量叫作解吸热。不同的吸附剂对各种气体分子的吸附热均不相同。按吸附质与吸附剂之间引力场的性质，吸附可分为化学吸附和物理吸附。

变压吸附（Pressure Swing Adsorption，简称 PSA）气体分离技术，具有工艺简单、可一步除去多种杂质组分、产品纯度高、操作弹性大、自动化程度高、操作费用低、吸附剂寿命长、投资省、维护方便等优点，因而发展迅速，它已成为空气干燥、氢气纯化、中小规模空气分离及其他混合气体分离、纯化的主要技术之一。变压吸附法实际上就是采用减压解吸实现吸附剂再生的吸附法，循环可在常温下进行，由于压力的变化是很迅速的，因而循环通常只需要数分钟甚至几秒钟就能快速完成，尽管吸附容量不是很高，但吸附剂利用率高，处理量可以很大。

任务实践

氯乙烯岗位具体任务实施见表3-1。

表3-1　氯乙烯岗位具体任务实施

工艺	步骤	具体操作	指标要求
转化	生成氯乙烯	乙炔工序送来的精制乙炔气经乙炔阻火器、乙炔切断阀、乙炔调节阀进入混合器；氯化氢工序送来的氯化氢经氯化氢冷却器水冷却后，经氯化氢切断阀进入混合器；乙炔与氯化氢以一定的比例进入一级石墨冷却器，用冷冻盐水间接冷却至（-5±2）℃，再经二级石墨冷却器，用冷冻盐水间接冷却至（-14±2）℃，在这两级石墨冷却器内各依重力作用除去大部分液滴后依次进入酸雾过滤器、高效除雾器，靠过滤滤芯捕集除去少量粒径很小的酸雾；得到的混合气依次进入热水预热器和蒸汽预热器，预热至90～100℃送入装有氯化汞触媒的转化器，反应生成粗氯乙烯	乙炔气（纯度≥98.5%） 氯化氢（纯度94%～96%，不含游离氯） 水冷却温度：5℃ 冷冻盐水温度：-35℃ 混合气含水率≤0.06% 预热温度：90～100℃
	粗氯乙烯脱汞	粗氯乙烯经过装有活性炭填料的脱汞器吸附除去部分汞后，进入合成气冷却器经循环水冷却	冷却温度：达到40℃以下
	粗氯乙烯净化	进入盐酸组合吸收塔。先后流过组合吸收塔填料段和塔板段（共5层），此塔分为三级吸收，分别为31%浓盐酸吸收段，20%稀盐酸吸收段及工业水吸收段，逐级吸收气相中的氯化氢气体，形成浓盐酸。吸收后的粗氯乙烯气体进入两台串联的碱洗塔，前碱洗塔使用碱液，后碱洗塔改为水循环，用烧碱去除粗氯乙烯中的二氧化碳和少量的氯化氢，净化后的氯乙烯气体送入压缩工序	浓盐酸吸收率：98%以上 碱液浓度：10%～15%
精馏	压缩	来自转化系统的氯乙烯气体经机前预冷器5℃水冷却、机前除雾器脱除水分后，进入螺杆压缩机压缩，经机后油分离器除去压缩机带出的部分油后，进入精馏工序	压力：0.55 MPa以上

续表

工艺	步骤	具体操作	指标要求
精馏	精馏	压缩送来的氯乙烯气体，经空冷器纯水循环冷却，全凝器通过 5 ℃水冷却，将氯乙烯液化，液化后的氯乙烯进入水分离器。不凝气体进入尾气冷凝器进一步通过 −35 ℃水冷却，冷凝下来的 VCM 液体进入水分离器，不凝气体进入变压吸附装置。经过水分离器分离后的单体进入低沸塔上部，与经再沸器蒸出的气体进行传质传热。气体经塔顶冷凝器，大部分氯乙烯冷凝成液体回流至低沸塔，不凝气体通过尾气冷凝器，经 −35 ℃盐水进一步冷凝。未冷凝下来的气体大部分为乙炔，通过压力调节阀回收变压吸附或转化。低沸塔底部液体进入高沸塔，与再沸器蒸出的气体进行传质传热。塔釜高沸物排入高沸物储槽，经氯乙烯精馏塔、二氯乙烷精馏塔进一步精馏提纯。高沸塔顶部的氯乙烯气体经塔顶冷凝器 5 ℃水冷却后，一部分冷凝成液体回流至高沸塔，另一部分进入成品冷凝器，经 5 ℃冷冻水冷却成液体氯乙烯，进入单体中间槽。通过单体中间泵，大部分 VCM 打入单体储罐，经单体送料泵送入聚合工序；一部分经固碱干燥器脱水后，打入糊树脂储罐，经糊树脂送料泵送入糊树脂工序。不合格 VCM 打入不合格储罐，经不合格 VCM 输送泵打至水分离器，重新回精馏塔	氯乙烯气体压力：0.55 ～ 0.60 MPa 氯乙烯液体温度：20 ℃
变压吸附	PSA-Ⅰ净化系统	氯乙烯精馏尾气经加热器加热，经流量计计量后进入由 PSA-Ⅰ和 PSA-Ⅱ组成的 PSA 净化回收系统。在 PSA-Ⅰ系统中，由入口端通入原料气，然后自下而上流经净化器，在此过程中，原料气中含有的氯乙烯、乙炔等吸附能力较强的组分被吸附剂吸附截留，未被吸附的氢气、氮气则作为半净化气从净化器出口端输出至 PSA-Ⅱ，净化器工作至一定程度后终止输入原料气，然后被吸附的氯乙烯和乙炔气在逆放和抽空等降压阶段解吸出来，经缓冲及增压后作为产品气输出外界。降压解吸完成后，吸附剂获得再生，然后净化器经过升压后重复吸附、解吸过程，从而实现连续运行	氯乙烯精馏尾气压力：0.52 ～ 0.55 MPa（G），氯乙烯精馏尾气温度：−16 ～ −8 ℃ 加热温度：20 ～ 40 ℃
	PSA-Ⅱ净化系统	来自 PSA-Ⅰ的半净化气自下而上流经提纯器，在此过程中，半净化气中含有的氮气等吸附能力较强的组分被吸附剂吸附截留，未被吸附的氢气则从提纯器出口端输出，经缓冲后作为产品氢气输出外界。提纯器工作至一定程度后终止输入半净化气，然后被吸附的氮气等组分在逆放和抽空等降压阶段解吸出来排空。降压解吸完成后，吸附剂获得再生，然后提纯器经过升压后重复吸附、解吸过程，从而实现连续运行	—

思政教育

（1）为了物尽所用，组合水洗塔填料段采用浓盐酸循环吸收，为保障吸收率，保证塔内的吸收温度，浓酸经浓盐酸循环泵输送至浓酸冷却器 5 ℃水冷却后，重新进入盐酸组合吸收塔，依次循环。为保证盐酸组合吸收塔液位稳定，多余的浓盐酸经浓盐酸循环泵，经组合吸收塔下酸调节阀输送至浓酸储槽。浓盐酸经常规盐酸脱吸、负压深度脱吸冷却后得到的 5% 酸性水，进入盐酸组合吸收塔。真正做到 HCl 全回收、废水零排放。

（2）转化工艺后的尾气经变压吸附装置处理后，回收的氯乙烯气体，回一级酸雾过滤器前总管，与糊树脂回收的气体氯乙烯经过碱洗，回收至氯乙烯压缩机前，再进行净化和利用。精馏工艺的机前预冷器和除雾器冷凝下来的废水进入废水收集槽，经废水泵打至碱洗系统的废水高位槽配碱用，实现了废气、废水的合理处置和利用。

应急操作

一、转化异常现象及处理

转化异常现象的判断及事故的分析处理见表 3-2。

表 3-2　转化异常现象的判断及事故的分析处理

序号	异常现象	原因	处理措施
1	热水泵打不上压，转化器及管道振响	（1）热水塔液位过低，水循环量小； （2）泵气蚀，不上压	（1）立即给热水塔补水，将液位补至正常液位； （2）将泵进口管内气排净； （3）先在转化器排气口处排气，避免转化器温度过高
2	转化器压力波动，底部有酸	转化器泄漏	先将单台转化器停车，将转化器内热水排空，通氮气置换，然后进行检修
3	转化率低，合成气中乙炔含量较高	（1）流量太大； （2）触媒活化不充分； （3）配比不当； （4）触媒失效或质量有问题	（1）可适当降低流量，增大配比中的氯化氢含量，降低单台流量，停车更换或重装触媒； （2）原料气纯度差，单台转化器超负荷或乙炔过量，反应温度太低
4	混脱系统冷凝酸量突然增大	设备发生泄漏	逐台查找，与系统断开，进行检修
5	转化器气相出口压力升高	（1）盐酸组合吸收塔托液； （2）碱洗塔阻力大； （3）碱循环量太大； （4）淹塔造成阻力上升	（1）需要及时调整稀酸循环量或降量处理； （2）碱洗塔洗塔，降低碱循环量； （3）降低进水量并检查下酸阀门，检查泵运行情况

续表

序号	异常现象	原因	处理措施
6	乙炔总管压力、氯化氢总管压力高，流量却较小	（1）触媒结块，混脱系统设备有液封现象； （2）酸雾过滤器阻力大	（1）翻倒、更换触媒； （2）检查下酸情况； （3）清洗酸雾过滤器滤芯
7	转化器温度高	（1）单台转化器流量过大； （2）热水循环量不够	（1）调节单台转化器流量； （2）检查热水循环量
8	出口盐酸浓度偏低	（1）工业一次水加料量过大； （2）冷却器漏水； （3）HCl 配比量偏低	（1）调小加水量； （2）检查冷却器是否泄漏； （3）调整配比量
9	出酸浓度偏高	（1）一次水加入量过少； （2）稀酸回流量加入量偏小； （3）过量氯化氢含量偏高	（1）调大一次水加入量； （2）调大稀酸回流量； （3）调整配比流量
10	碱洗塔温度上升较快	（1）组合吸收塔吸收率低； （2）组合吸收塔酸浓度偏高； （3）组合吸收塔顶层加水流量过小； （4）检查组合吸收塔运行温度	（1）检查稀酸、浓酸循环系统运行是否正常，检查稀酸浓度、浓酸浓度； （2）检查各个控制指标是否正常； （3）加大进水流量； （4）检查系统操作负荷及配比量，并进行调整
11	组合吸收塔压降升高	（1）浓酸循环量偏高； （2）泡罩塔板通气不畅通； （3）稀酸循环量偏大； （4）塔板降液管堵塞，液体下流不畅； （5）操作负荷超过设计负荷	（1）降低浓酸循环量； （2）检查塔板； （3）在控制塔内运行温度情况下降低稀酸循环量； （4）观察塔板上液封液面是否超标； （5）检查系统操作负荷
12	汞转型器 pH 值异常	（1）预中和池pH计故障； （2）控制故障； （3）鼓风搅拌故障	（1）停止进水，调整预中和池 pH 值； （2）检查控制系统使之正常； （3）检查鼓风机是否正常运转，风管阀门是否在正确的位置
13	汞转型器出水汞浓度连续升高	（1）汞转型器内搅拌提升能力差； （2）除汞剂失效	（1）调节转速，增大提升能力； （2）更换或补加除汞剂

二、精馏异常现象及处理

精馏异常现象及处理见表 3-3。

表 3-3 精馏异常现象及处理

序号	异常现象	原因	处理措施
1	单体含乙炔	（1）转化过程中乙炔过量或转化率低； （2）塔顶温度过低； （3）压缩机大量进料，塔釜蒸发量不够； （4）控制不当造成下料不正常或塔温度过低； （5）低沸塔压差过高或塔托液	（1）加强合成操作控制，提高水温； （2）提高下料温度和塔顶温度； （3）通知压缩岗位稳定抽气量，提高塔釜热水量； （4）找出原因，加强控制； （5）降低塔釜温度，降低进低沸塔负荷
2	低沸塔系统压力升高	（1）自动放空仪表失灵； （2）低沸塔冷凝器供不上 5 ℃冷冻盐水； （3）转化反应后 C_2H_2 含量过高； （4）低沸塔压差过高或塔托液	（1）立即开短路阀； （2）通知冷冻工序岗位，检查水路调节阀； （3）转化调整配比和转化器； （4）降低塔釜温度，降低进低沸塔负荷
3	低沸塔系统压力突然下降	（1）压缩机跳闸； （2）自动放空仪表失灵	（1）重开压缩机，或按紧急停车处理； （2）用旁路阀
4	尾气放空量增大	（1）压缩机吸入量增大； （2）转化率低或 C_2H_2 大量过量或 HCl 纯度低； （3）冷冻水供应不足； （4）低沸塔塔釜蒸发量太大； （5）塔顶温度太高； （6）尾凝器自控失灵	（1）通知压缩岗位，稳定抽气量； （2）通知转化岗位加强操作； （3）通知冷冻岗位及时检查； （4）合理控制低沸塔塔釜温度； （5）降低塔顶温度； （6）通知仪表工修理
5	尾凝器气体出口跑料	（1）尾凝器列管或下料管结冰，堵塞积料； （2）压缩机抽气量过大； （3）低沸塔蒸发量太大	（1）切换尾凝器，开热盐水系统化冰； （2）通知压缩岗位，稳定或减少抽气量； （3）减少低沸塔塔釜加热水量
6	高沸塔液位偏高	（1）塔顶冷凝器温度低，回流量大； （2）塔底高沸物多	（1）调整塔顶冷凝器回流量； （2）增加排高沸物次数
7	低沸塔系统压力突然下降	尾气放空自动仪表故障，泄压	检修仪表或切换手动放空阀
8	盐水内漏氯乙烯	使用该种冷冻盐水的设备有某一台列管渗漏盐水	逐台检查各冷凝器，确定某一台泄漏后，停用该台设备，切断补漏

续表

序号	异常现象	原因	处理措施
9	高沸塔压力高	（1）成品冷凝器平衡阀或进料阀未开； （2）塔顶冷凝器冷冻水供应不足	（1）开启对应阀门； （2）通知冷冻岗位及时检查
10	变压吸附原料气中带液过多	前工序失控或操作失误，使 VCM 未得以充分冷凝回收；导致尾气中带液，甚至大量进入净化器	应迅速关闭净化器入口阀，开启 KV23317，并开启各净化器底部的排污阀，尽量排除净化器内液体，然后视净化器带液量的多少决定装置是否停运和决定处理措施
11	停电	停电后，程控系统不能正常工作且无信号输出，现场所有程控阀关闭，装置处于停运状态，相当于紧急停车	紧急停车
12	仪表空气压力下降	仪表空气压力不低于 0.40 MPa。一旦仪表空气压力大幅下降甚至停气，将使气动程控阀无法开或关，调节阀无法正常调节，导致程控阀的切换和全系统自控紊乱	紧急停车

三、转化关键参数偏离后的后果、防止和纠正偏离的措施

转化关键参数偏离后的后果、防止和纠正偏离的措施见表 3–4。

表 3–4 关键参数偏离后的后果及分析处理

参数	标准	关键参数偏离	造成的后果	控制措施
氯化氢纯度	不含游离氯	上游氯化氢合成工序比例调节回路失效，导致氯化氢中含有游离氯	混合器中乙炔遇游离氯发生爆炸	（1）严格控制各点工艺指标； （2）定时分析氯化氢纯度； （3）实时监测混合器温度及压力，发现异常紧急停车； （4）现场巡检人员佩戴便携式有毒气体检测仪
乙炔与氯化氢配比	1：（1.05 ～ 1.1）	乙炔与氯化氢配比失调，造成乙炔过量	（1）降低触媒活性，减少触媒使用时间； （2）精馏、变压吸附负荷增加； （3）造成经济损失	及时调整混合器乙炔与氯化氢配比

续表

参数	标准	关键参数偏离	造成的后果	控制措施
乙炔与氯化氢配比	1：（1.05～1.1）	乙炔与氯化氢配比失调，造成氯化氢过量	（1）后续组合塔温度升高，严重时组合塔高温损坏； （2）碱洗塔温度升高，配碱数量增加，造成经济损失； （3）碱洗后呈酸性，危及压缩机安全运转； （4）造成后序各设备管线遇酸腐蚀	及时调整混合器乙炔与氯化氢配比
混合器压力	<70 kPa	混合器出口总管压力高	（1）防爆片破裂，氯化氢、乙炔泄漏，遇明火着火爆炸； （2）原料气进气阻力增加，影响配比； （3）危及氯化氢合成安全操作	（1）检查各阀门是否开大； （2）调整单台转化器通量，为系统降低压力
石墨冷却器温度	（1）一级冷却器（−5±2）℃； （2）二级冷却器（−14±2）℃	石墨冷却器温度低	石墨块孔冻堵，造成系统压力突然升高	关小或关闭石墨冷却器冷冻盐水上水调节阀，待石墨冷却器化冻后，逐步打开冷冻盐水上水调节阀
石墨冷却器温度	（1）一级冷却器（−5±2）℃； （2）二级冷却器（−14±2）℃	石墨冷却器温度高	混合脱水不彻底，造成混合气水分含量增加，严重时造成设备腐蚀泄漏	（1）开大石墨冷却器冷冻盐水上水调节阀； （2）联系生产调度提高冷冻盐水压力
转化器	90～160 ℃	转化器温度高	（1）转化器局部过热，可能结焦，缩短触媒使用寿命； （2）转化器壳程气蚀，严重时可能出现转化器爆炸； （3）副反应增加，转化率降低，造成经济损失； （4）氯化汞蒸发量大，缩短触媒使用寿命，后续系统汞含量增加，污染环境	（1）开大循环热水； （2）手动关小转化器气相进口阀门； （3）打开转化器排蒸气阀门
转化器	90～160 ℃	转化器温度低	达不到反应温度，反应不充分，造成经济损失	（1）手动调节转化器气相进口阀门； （2）转化器更换触媒

续表

参数	标准	关键参数偏离	造成的后果	控制措施
组合吸收塔温度	≤ 25 ℃	组合吸收塔温度高	（1）严重时造成组合吸收塔高温损坏； （2）碱洗塔温度升高，配碱数量增加，造成经济损失； （3）碱洗后呈酸性，危及压缩机安全运转； （4）造成后序各设备管线遇酸腐蚀	（1）开大组合吸收塔浓酸循环量，检查浓酸冷却器 5 ℃水循环是否正常； （2）开大组合吸收塔稀酸循环量，检查稀酸冷却器 5 ℃水循环是否正常； （3）加大组合吸收塔塔顶生产水加入量； （4）调整氯化氢与乙炔配比
组合吸收塔压差	≤ 5 kPa	组合吸收塔压差高	造成前系统压力升高，后系统压力降低，严重时造成系统停车，造成经济损失	（1）降低稀酸循环量； （2）降低浓酸循环量； （3）降低组合吸收塔生产水加入量； （4）碱洗塔洗塔； （5）检查压缩机前压力，通知精馏岗位开大压缩机

四、精馏关键参数偏离后的后果、防止和纠正偏离的措施

精馏关键参数偏离后的后果、防止和纠正偏离的措施见表 3-5。

表 3-5 关键参数偏离后的后果、防止和纠正偏离的措施

参数	标准	偏离现象	超出操作限值后果	纠正或避免偏离的措施
压缩机进气压力	正压	压缩机进气压力为负压	可能造成空气漏入系统，引起爆炸	（1）及时排净机前管线设备积水； （2）降低压缩机负荷； （3）开大压缩机后回流阀
尾冷气相温度	−20 ～ −15 ℃	温度高	（1）尾气变压吸附系统负荷增大； （2）系统压力升高，造成设备超压损坏，物料泄漏	及时调整尾冷冷冻盐水
低沸塔压力	0.55 ～ 0.6 kPa	低沸塔超压	（1）可能造成塔压力升高，塔顶冷凝器和尾凝器负荷增大； （2）可能造成设备超压损坏，安全阀起跳，物料泄漏，引起着火爆炸； （3）低沸塔压力波动，影响产品质量	（1）降低低沸塔进料量； （2）降低再沸器热水通入量； （3）检查尾冷状态、开大尾排调节阀

续表

参数	标准	偏离现象	超出操作限值后果	纠正或避免偏离的措施
高沸塔温度	塔顶温度 17 ～ 27 ℃	高沸塔超温	（1）造成塔顶、塔底压力升高，可能造成安全阀起跳，物料泄漏，引起着火爆炸；（2）温度升高，造成公用工程消耗增加；（3）单体高沸物含量增加，影响产品质量；（4）可能导致蒸出釜列管中多氯烃的分解、炭化、结焦，影响传热效果	（1）减小高沸塔再沸器热水通量；（2）增加高沸塔冷凝器冷却水量

五、岗位应急处理原则

1. 混合器游离氯高事故应急处置

危险概述：停车，温度持续上涨会发生混合器爆炸。

（1）应急处置步骤。

1）与调度联系，进行系统停车。

2）关闭乙炔调节阀，关闭乙炔切断阀。

3）关闭氯化氢切断阀。

4）同时关闭乙炔、氯化氢手动阀门，同时开启氮气切断阀，向系统通氮气。

5）对混合器及相关管路降温。

（2）个体防护及安全事项。

1）佩戴浸塑手套、防护面具、防毒口罩、空气呼吸器，使用防爆工具。

2）禁止现场无关人员进入，封锁道路。

2. 乙炔、氯化氢管线泄漏事故应急处置

危险概述：有毒、有害、易燃、易爆，对人体有刺激性，可使人呼吸道、黏膜皮肤受伤害，长时间泄漏导致系统停车。

（1）应急处置步骤。

1）与调度联系，进行系统停车。

2）关闭乙炔调节阀，关闭乙炔切断阀。

3）关闭氯化氢调节阀，关闭氯化氢切断阀。

4）同时关闭乙炔、氯化氢手动阀门，同时开启氮气切断阀，向系统通入氮气。

（2）个体防护及安全事项。

1）佩戴浸塑手套、防护面具、防毒口罩。

2）禁止现场有施工动火作业。

3. 盐酸泄漏事故应急处置

危险概述：接触其蒸气或烟雾，可引起急性中毒，出现眼结膜炎，鼻及口腔黏膜有烧灼感，鼻腔、牙龈出血，气管炎等。眼和皮肤接触可致灼伤。

（1）应急处置步骤。

1）停组合水洗塔循环泵，关闭泵进出口阀门。

2）同时根据流量调整氯化氢和乙炔的配比。

3）向调度及有关人员进行汇报。

4）接水管对泄漏点进行稀释。

5）根据漏点处理情况，联系调度系统降量或者停车。

（2）个体防护及安全事项。

1）佩戴耐酸碱手套、防护面具、防毒口罩。

2）禁止现场无关人员进入。

4. 烧碱化学灼伤应急处置

危险概述：具有强烈腐蚀性和刺激性，直接接触皮肤和眼睛可引起灼伤，误食可造成消化道灼伤，黏膜糜烂、出血和休克。

（1）应急处置步骤。

1）皮肤接触。脱去污染的衣着，用大量流动清水冲洗 15 min，就医。

2）眼睛接触。立即提起眼睑，用大量流动清水或生理盐水彻底冲洗 15 min，就医。

3）吸入。立即撤离现场至空气新鲜处，保持呼吸道通畅。如呼吸困难，立即进行输氧；如呼吸停止，立即进行人工呼吸，就医。

4）食入。用水漱口，饮牛奶或蛋清，就医。

（2）个体防护及安全事项。佩戴耐酸碱手套、防护面具、防毒口罩。

5. 氯乙烯单体泄漏

危险概述：易燃，与空气混合能形成爆炸性混合物，遇热源和明火有燃烧爆炸的危险，能在较低处扩散到相当远的地方，遇火源会着火回燃。

（1）应急处置步骤。当界区内单体中间槽单体泵出口法兰处泄漏引发着火事故时，应急处置步骤如下。

1）停泵，关闭泵的进出口阀门，关闭送往罐区的阀门。

2）立即用灭火器进行灭火，用墙式消火栓降温。

3）通知调度以及有关人员。

4）着火严重的可以停车处理。

（2）个体防护及安全事项。

1）佩戴浸塑手套、防护面具、防毒口罩、空气呼吸器，使用防爆工具。

2）禁止现场无关人员进入，封锁道路。

任务 3.2　聚氯乙烯干燥岗位操作

学习目标

知识目标

1. 了解聚氯乙烯干燥岗位的任务、岗位责任；

2. 了解产品及原料的性质和规格；

3. 掌握聚氯乙烯干燥岗位的工艺流程及工艺原理。

能力目标

能够按照聚氯乙烯干燥岗位工艺流程进行安全操作，在应急状态下能够进行问题的分析和处置。

素质目标

树立制造业是立国之本、兴国之器、强国之基的理念。

任务导入

本任务是以氯碱工业主要产品聚氯乙烯树脂（简称 PVC 树脂）为例，了解聚氯乙烯树脂行业（属于基础型和能源密集型产业），以及与经济发展的紧密关联性。但是在 20 世纪 70 年代中期，人们认识到聚氯乙烯树脂及制品中残留的氯乙烯单体（VCM）是一种严重的致癌物质，其在一定程度上会影响聚氯乙烯的发展。不过智慧的人们已成功地通过各种途径降低残留的 VCM，使聚氯乙烯树脂中 VCM 含量小于 10 ppm，达到卫生级树脂要求，对人体基本无害，可用作食品、药包装和儿童玩具等；甚至可使树脂中的 VCM 含量小于 5 ppm，加工后残留的 VCM 极少。这扩大了聚氯乙烯的应用范围。国家按照“优化布局、有序发展、调整结构、节约能源、保护环境、安全生产、技术进步”的可持续发展的原则规范升级氯碱行业，聚氯乙烯塑料制品的应用越来越广泛。本任务内容是将之前生产的聚氯乙烯（PVC）浆料，通过干燥操作，形成成品 PVC 树脂。

任务描述

掌握干燥岗位的工艺流程和原理。

课前预习

流化床干燥的原理和操作方法。

知识准备

一、岗位任务和操作范围

1. 岗位任务

将聚合送来的 PVC 浆料，干燥成水分合格的 PVC 树脂，并输送至成品料仓。

2. 岗位操作范围

自浆料、循环水、生产水、蒸汽等物料管线进入本岗位的第一道阀门到包装下料为止，离心干燥岗位共有三个单元，即离心干燥及湿物料输送单元、流化床干燥及树脂筛分单元、到成品料仓的 PVC 粉料气力输送单元。

二、岗位职责和要求

（1）认真执行操作规程、安全技术规定、工艺各管理制度等，准确进行离心、干燥、输送等操作，按时、认真地填写原始记录。

（2）处理生产中的各种异常现象和事故隐患，确保产品的产量与质量。

（3）维护、保养好所管辖范围内的设备、仪表及安全设施。

（4）搞好文明生产，保证本岗位尘、污水等无超标排放。

（5）协调、平衡各生产工序的生产，确保工艺稳定运行。

（6）负责本岗位所属区域设备卫生，及时消除“跑、冒、滴、漏”及“脏、乱、差”的现象。

（7）负责不断提高和改善本岗位的工艺技术水平和劳动生产环境。

（8）负责现场突发事件的抢险及撤离工作。

三、产品及原材料性质和规格

聚氯乙烯树脂是由氯乙烯单体聚合而成的高分子化合物，它的分子式为 $\text{-[-} CH_2\text{—}CHCl \text{-]-}_n$，式中 n 表示平均聚合度。国内工业生产的 PVC 平均聚合度为 590 ～ 1 500，高分子主链上引入氯原子，使其具有一系列特殊的性能，其主要的物化数据如下。

（1）外观：白色粉末；

（2）相对分子质量：36 870 ～ 93 750；

（3）相对密度：1.35 ～ 1.46；

（4）表观密度：0.40 ～ 0.65 mg/mL；

（5）热容：1.045 ～ 1.463 J/（g · ℃）（0 ～ 100 ℃）；

（6）颗粒直径：通常紧密型树脂为 30 ～ 100 mm，疏松型树脂为 60 ～ 150 mm；

（7）软化点：75 ～ 85 ℃；

（8）热分解点：＞ 100 ℃开始降解，放出氯化氢；

（9）燃烧性能：在火焰上能燃烧并降解，放出氯化氢、一氧化碳和苯等，但离开火焰即自熄；

（10）电性能：PVC 具有较高的密度，耐电击射、耐老化，可作为电压＜ 10 000 V 的低压电缆和电缆护套；

（11）耐酸碱性：在酸、碱介质及盐类溶液中均较稳定；

（12）老化性：在光照及氧的作用下，PVC 树脂逐渐分解，即老化，聚合物材料表面与空气中氧起作用，氧气加速热分解及紫外光对高聚物的降解，使其分解出氯化氢，形成羰基。

四、岗位干燥工艺原理

从气提来的浆料，经离心机离心脱水后（离心机是利用离心机转子在高速旋转状态下产生的强大离心力，利用浆料和水不同的密度导致的沉降速度不同，把固体颗粒和液体分离开来），经破碎打散后的湿物料均匀加入干燥床前部，物料在干燥床内被进风口进入的热风吹起呈流化态，物料与热风进行传质传热，同时干燥床内的加热管束与湿物料进行传热，物料的水分被脱除出去。床内的湿热空气从床顶部由干燥器引风机引出，经袋式过滤器除尘后排入大气，被分离下来的 PVC 物料回至干燥床。物料在干燥床内沸腾，达到一定高度时从床末端溢流口流出，送至成品振动筛。

任务实践

一、任务实施

聚氯乙烯干燥具体任务实施见表 3-6。

表 3-6　聚氯乙烯干燥具体任务实施

物料	任务	具体操作	指标要求
聚氯乙烯浆料	1. 过滤	浆料首先打入浆料槽，通过过滤器过滤	—
	2. 脱水	通过离心机供料泵打入离心机进行离心脱水	湿滤饼含水率为 20% ～ 25%
	3. 进流化床	一线通过振动给料器进入流化床一床，二线通过不锈钢溜槽和布料打散机后进入流化床二床，湿滤饼经布料打散机打散成粉末，并通过调节布料打散机变频电动机转速，将粉料均匀分布在流化床一床内	—

续表

物料	任务	具体操作	指标要求
空气	1. 预热	空气经中效空气过滤器进入空气预热器后，被吸入鼓风机	—
	2. 分路	鼓风机出口的空气分两路：一路经一床空气预热器加热至后进入流化床一床；另一路由二床空气预热器加热后进入流化床二床	—
湿PVC粉料	流化床干燥	来自一床和二床空气预热器加热后的热空气，通过干燥器特别设计的空气分布板后，被均匀地分布在各自干燥区域，该空气使湿PVC粉料在干燥区域呈沸腾流化态	流化床内配置的加热管束通过直接加热PVC粉料和空气促进了湿PVC粉料的干燥。一线采用热水加热；二线采用蒸汽加热，低压蒸汽温度约95 ℃，采用较低的加热温度是为了预防PVC粉料变色。配置的加热管束是为了最低限度地减小进入干燥器的风量和节约蒸汽（能源）消耗。干燥区域的床层温度由集散控制系统监测，控制在60 ℃左右，防止干燥区域的温度低于尾气露点温度
干燥PVC粉末	排出	在流化床里被干燥和冷却的PVC粉末被送往回转给料机，通过干燥器回转给料机排出干燥床	—
含湿尾气	净化	含湿尾气被送往袋式过滤器，PVC粉末被分离出来并通过旋转阀送回流化床内。从袋式过滤器出来的空气通过引风机后被排入大气	袋式过滤器上安装有空气锤，其目的是预防袋式过滤器PVC出料口被堵塞

二、主要设备日常维护作业

1. 离心式鼓风机、罗茨风机

（1）日常维护。

1）对设备进行巡检，发现异常及时处理，处理不了的及时上报。

2）处理设备的“跑、冒、滴、漏”的现象。

3）风机的运行情况（振动、异响）。

（2）定期检查。

1）定时检查轴承温度是否正常，滚动轴承最高温度不能超过70 ℃，滑动轴承最高不能超过65 ℃。

2）经常注意设备运行情况，如发现不正常的声响或振动时，应及时停车检查其原因，并进行处理。

3）定时检查油（水）冷却系统运行情况。

4）停用时，应排净介质，进行遮盖，并定期盘车。

5）机体内部有无漏水、漏油现象。

6）注意各部润滑油的油量、温度变化情况和电流变换情况，并应做好记录。

7）原来的配合要求。

（3）健康、安全、环保要求。

1）无论进行何种检修工作，检修设备必须进行断电和挂牌操作，按检修要求办理合格检修工作票证，涉及特殊作业的及时办理相关票证，并要求有操作人员进行现场监护。现场检修工作必须有操作人员或监护人告知检修环境内的存在风险及应急救援内容。

2）检修前，检修人员必须对检修工作使用的工器具检修安全检查，防爆厂房内必须使用防爆工具进行检修工作，保证检修过程的安全性。

3）检修人员应根据现场环境佩戴相应劳动保护用品。

4）检修过程中做到“四不伤害”，拒绝“三违”现象。

5）检修作业尽可能避免交叉作业，必须进行交叉作业时，作业双方应及时沟通，相互之间采取防护措施，并指派专人进行监护。

6）车间甲级防爆厂房内进行动火作业时，必须按照车间及公司规定进行特殊作业票证的审批并同意。

7）检修完毕后，必须对设备进行全面检查，确认设备内部无人或其他杂物，方可封盖检修孔

8）设备检修结束后，需生产工序进行验收，验收合格后方可投入使用，检修工作彻底结束后，需将现场杂物清理干净。

2. 袋式过滤器

（1）日常维护。

1）对设备进行巡检，发现异常及时处理，处理不了的及时上报。

2）处理设备的“跑、冒、滴、漏”的现象。

3）处理引风机的运行情况（振动、异响）。

（2）定期检查。

1）引风机轴承、轴承座磨损及润滑情况。

2）滤袋使用情况，有无破袋、开裂现象。

3）笼骨使用情况，有无断裂、开焊现象。

（3）常见故障及处理方法。

1）滤袋安装时注意不要划破，要检查框架是否完好，如有损坏要及时修好，磨掉毛刺方可安装，否则影响除尘效果，滤袋绒面朝外装好后，上口翻边在花板上面的不锈钢管上，用卡带扎紧。

2）袋式过滤器运转前，应对脉冲喷吹系统进行检查，确认无误方可运行。

3）运转前，应对电机、传动轴、轴承的传动部位加注润滑油，也需定期进行注油与排污换油工作。

4）破损滤袋更换要及时，如发现排出口带料，表明已有滤袋破损，这时要先停风机打开上盖，查出破损滤袋进行更换，更换滤袋时应注意笼骨损坏情况，发现破损的及时更换。

应急操作

一、异常现象及处理

异常现象及处理表 3-7。

表 3-7　异常现象及处理

序号	异常现象	原因	处理方法
1	成品水分过高	（1）风温低； （2）风量小； （3）进料量大或进料波动； （4）蒸汽压力低	（1）根据进料稳定，提高风温； （2）更换鼓风机滤棉，提高风量； （3）稳定离心机进料量，切换进料泵，冲洗进料过滤器； （4）通知调度，稳定蒸汽压力，适当降量，蒸汽压力稳定后再提量
2	成品料发黄或发灰	（1）TK-3 H/TK-3 HB 温度过高； （2）干燥温度过高； （3）空气过滤器太脏； （4）气提温度过高，PVC 浆料内含杂质	（1）降低 TK-3 H/TK-3HB 温度设定值； （2）降低热水温度； （3）更换过滤器滤芯； （4）通知聚合气提取样，如有少量黄料，立即降低气提温度，如黄料严重，则立即停车处理
3	床层压差过高	（1）流化床内加料过多； （2）流化床出口堵塞	（1）缓慢降低进料量； （2）检查振动筛下料，如下料量小，检查下料釜是否有问题，气锤是否工作，进行相应处理
4	床层温度突然升高	（1）浆料含固量不稳定； （2）热水温度波动； （3）蒸汽压力波动； （4）离心机进料阀门故障	（1）通知聚合稳定冲洗水量，控制浆料含固量； （2）手动调整热水温度，稳定后再投自动； （3）联系调度，稳定温度、蒸汽压力； （4）降低风温，联系仪表处理
5	离心机电流波动大	（1）物料含固量增大； （2）进料自控阀失灵	（1）视电流降低进料量，同时调整热水温度； （2）主动将阀门调整到手动位置，给固定开度； （3）通知仪表工检修自控阀
6	浆料管回流压力高	（1）进料量太小； （2）浆料管道堵塞	（1）根据液位及时加大进料量； （2）冲洗管道

续表

序号	异常现象	原因	处理方法
7	二线流化床或导管内部冷凝	（1）热量输入太低； （2）气体加热器翅片管损坏； （3）清洁流化床后没有进行充分的排水和干燥	（1）检查热平衡； （2）检查蒸汽加热器
8	流化床内有物料团块	（1）加热片列管漏； （2）离心机出口有沉积； （3）进料旋转分布器频率故障	停车处理
9	粉末将袋式过滤器堵塞	（1）细粉太湿； （2）反吹器故障	（1）降低进料量，提高床温； （2）检查袋式过滤器伴热； （3）聚合配方原因，根据分析结果，调整配方； （4）降量，联系仪表处理

二、关键参数偏离后的后果、防止和纠正偏离的措施

关键参数偏离后的后果、防止和纠正偏离的措施见表 3-8。

表 3-8　关键参数偏离后的后果、防止和纠正偏离的措施

参数	标准	偏离现象	超出操作限值后果	纠正或避免偏离的措施
返混段热风温度	65 ～ 110 ℃	高	造成粉料太干，产生静电下料不畅，产生杂质料	（1）流化床补凉水； （2）降低风温； （3）稳定进料量、蒸汽压力
		低	造成粉料水分超标，影响产品质量	（1）减少流化床凉水量； （2）调高风温； （3）稳定进料量、蒸汽压力
风机出口过滤器压差	<1.5 kPa	高	风量不够，影响流化床负荷	及时更换滤棉
袋式过滤器压差	<2 kPa	高	滤袋堵塞，袋式过滤器下料管堵塞，造成下料不畅，影响产品质量	更换袋式过滤器滤袋，处理下料管

三、岗位操作工处理紧急事故的权限

（1）当班期间岗位操作工有权拒绝一切违章指挥，有权制止发生在本岗位的一切违章违纪行为。

（2）当班期间，循环水、纯水、蒸汽等公用工程突然中断，岗位操作工有权在班长的

带领下对生产负荷、工艺条件、运行设备等进行紧急处理与调整，当出现超温、超压无法控制时有权紧急停车，有权向上级部门汇报或越级汇报。

（3）当班期间，如发生停电现象，部分设备断电，在班长的带领下，对生产负荷、工艺条件、运行设备等进行紧急处理与调整；如全厂停电有权紧急停车，有权向上级部门汇报或越级汇报。

（4）岗位进行交接班时，当发现上一班生产工艺混乱或严重超标，事故状态下或岗位卫生不合格时，有权向班长汇报并拒绝接班。

（5）岗位操作工有权对岗位的工艺流程、工艺指标、设备结构、操作规程以及安全技术等提出修改意见，填报合理化建议。

（6）当设备发生突发性故障时，岗位操作工有权在班长的带领下对生产负荷、工艺条件、运行设备等进行紧急处理与调整，如出现工艺指标无法调整控制时有权紧急停车，有权向上级部门汇报或越级汇报。

（7）对进入本岗位的外来人员有权进行盘查询问，并上报至班长或上级部门，未经上级领导同意，不得允许无关人员翻阅操作记录，了解生产情况、工艺流程、工艺条件及设备构造，不得允许触动电、仪、阀门等，有权不回答无关人员询问。

四、安全操作规程

（1）厂内严禁吸烟。

（2）严格遵守安全规程和操作规程，认真、准确进行操作。

（3）上班时间必须穿戴好本公司发放的工作服及工作帽，佩戴好上岗证。

（4）上班期间不准饮酒，不准做与本职工作无关的事，不得擅离岗位。

（5）自觉遵守劳动纪律和安全生产规章制度，服从班组长和安全员的指导。

（6）设备运行中必须严格按照操作规程规定的时间记录和动态巡检检查。

（7）动设备运转时严禁用手接触部件，清洗机件时必须切断电源。

（8）在生产过程中，严禁触摸各光电开关和限位开关等电气元件，以免设备发生故障。

（9）积极参与各种安全活动，主动提出改善劳动条件方面的合理化建议，搞好环境保护，实现安全生产，文明生产。

（10）对违章作业的错误指挥，有权提出意见，拒绝执行，发现职工有违章作业行为应立即劝阻和纠正。

（11）了解本岗位安全防护用具和消防器材的存放地点和使用方法，了解安全用电和防火知识，动火必须办理动火证。

（12）进入受限空间作业前必须进行 VCM 含量和含氧分析，VCM 含量 0.2% 以下，含氧 19% 以上为合格。

（13）干燥装置的鼓风机、引风机均设消声器，以降低噪声危害。

五、岗位工艺流程

岗位工艺流程如图 3-1 和图 3-2 所示。

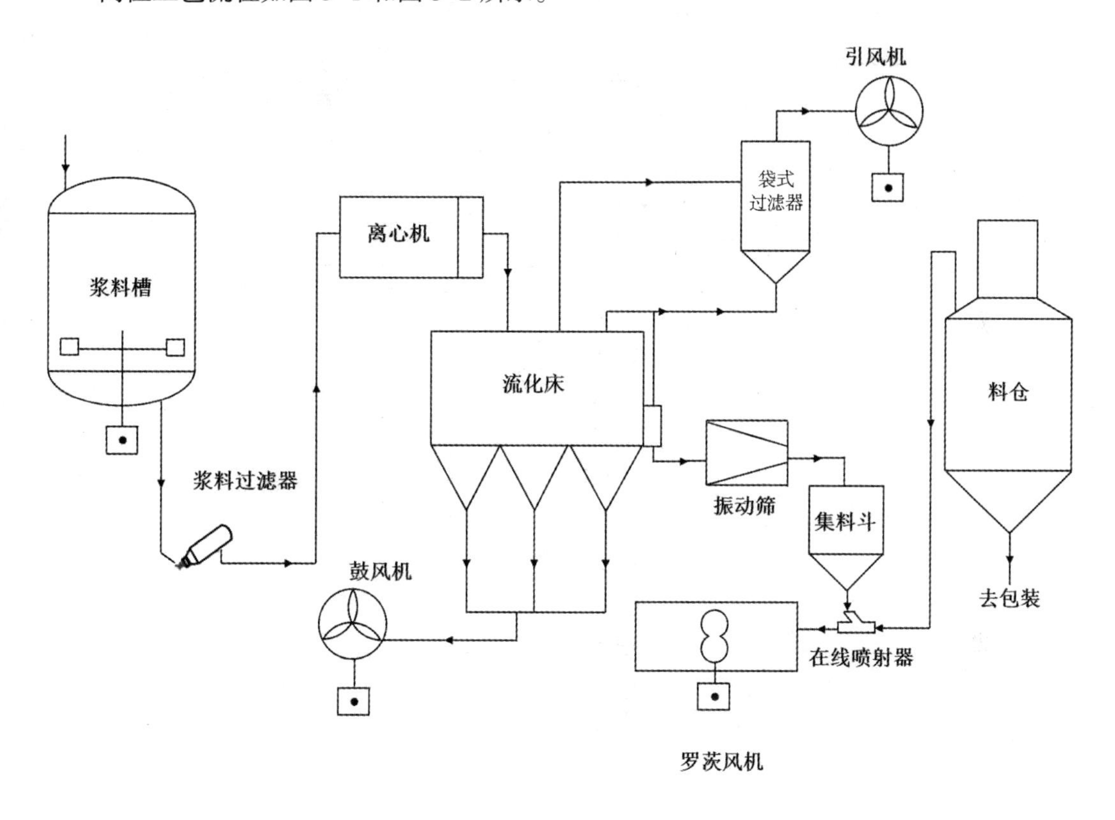

图 3-1　一线流程

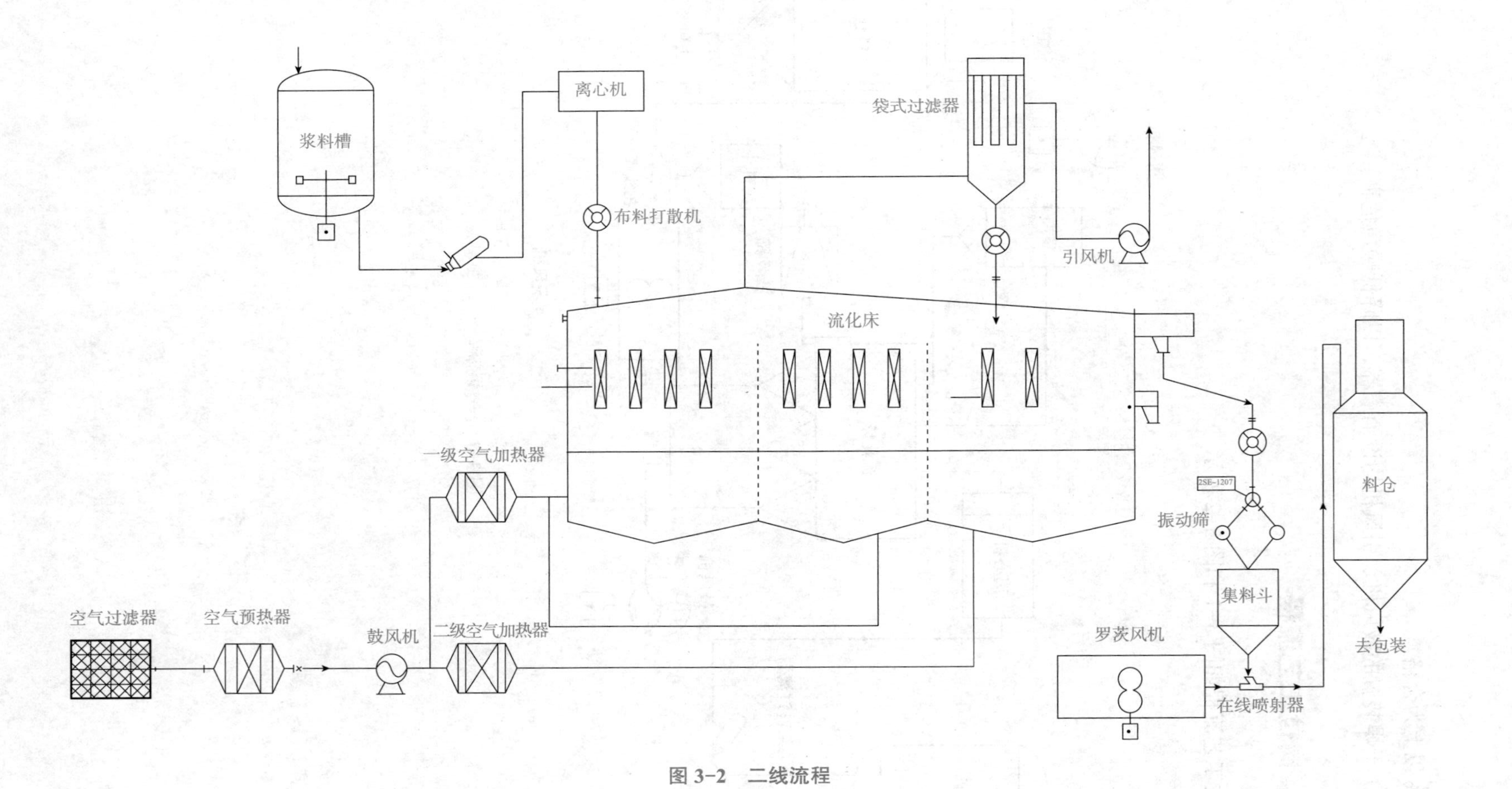

浆料槽
离心机
布料打散机
袋式过滤器
引风机
流化床
一级空气加热器
空气过滤器
空气预热器
鼓风机
二级空气加热器
2SE-1207
振动筛
集料斗
罗茨风机
在线喷射器
料仓
去包装

图 3-2　二线流程

附录 1　流体输送实训装置教学功能一览表

项目	基本理论及专业课程的实验教学
实验教学	（1）离心泵的性能曲线测定； （2）阻力测定（光滑管、粗糙管、阀门）及管路特性测定； （3）离心泵吸程高度测定
操作实训	操作实训内容
开车准备	（1）工艺流程图的识读与表述； （2）熟悉现场装置及主要设备、仪表、阀门的位号、功能、工作原理和使用方法； （3）按照要求制定操作方案； （4）检查流程中各设备、管线、阀门是否处于正常开车状态； （5）引入公用工程（水、电、气）并确保正常； （6）装置通电，检查各仪表状态是否正常； （7）开启设备试车
开车	（1）按正确的开车步骤开车，熟悉离心泵的操作； （2）正确选择流程，进行指定的实验内容
正常操作	（1）测定离心泵的性能曲线； （2）阻力测定（光滑管、粗糙管、阀门）及管路特性测定； （3）了解几种常用流量计（涡轮流量计、孔板流量计、玻璃转子流量计、高压玻璃转子流量计）的构造、工作原理和主要特点； （4）熟悉泵送、真空抽送、压送及自流等不同流体输送方式； （5）离心泵的开停车及流量调节； （6）真空水力喷射机组的开停车及流量调节； （7）离心泵的气蚀、气缚等多种不正常现象的产生及消除，离心泵吸程高度的测量； （8）管道走向对流体输送的影响； （9）介质的特性对流体输送的影响； （10）常用离心泵和涡轮泵的开停车及流量调节； （11）离心泵输送流量、压力的自动控制，储罐液位的控制
停车	（1）按正常的停车步骤停车； （2）检查停车后各设备、阀门的状态，确认后做好记录
事故处理	（1）会观察、处理离心泵的气蚀现象； （2）会观察、处理离心泵的气缚现象； （3）会按照要求选择、连接管路

续表

项目	基本理论及专业课程的实验教学
设备维护	（1）离心泵的开、停、正常操作及正常维护； （2）各种流量计的构造、工作原理、正常操作及维护； （3）主要阀门的位置、类型、构造、工作原理、正常操作及维护； （4）温度、压力显示仪表及流量控制仪表正常使用及日常维护
可实现自动化功能	（1）自动测定离心泵的性能曲线； （2）高位储罐液位的自动控制； （3）自动测定光滑管、粗糙管和阀门的阻力系数； （4）离心泵流量、压力的自动调节
监控软件	上位组态监控平台软件的了解和使用

附录 2　萃取仪表一览表及阀门对照表

一、萃取仪表一览表

C3000 仪表（A）					
输入通道					
通道序号	通道显示	位号	单位	信号类型	量程
第一通道	轻相泵出口温度	TI201	℃	4 ～ 20 mA	0 ～ 100
第二通道	萃取泵出口温度	TI202	℃	4 ～ 20 mA	0 ～ 100
第三通道	空气管压力	PI203	MPa	4 ～ 20 mA	0 ～ 0.1
C3000 仪表（B）					
输入通道					
通道序号	通道显示	位号	单位	信号类型	量程
第一通道	原料流量	FI202	m^3/h	4 ～ 20 mA	0 ～ 60
第二通道	萃取剂流量	FI203	m^3/h	4 ～ 20 mA	0 ～ 60
第三通道	水流量	FI204	m^3/h	4 ～ 20 mA	0 ～ 60
输出通道					
通道序号	通道显示	位号			
第一通道	原料流量控制	FIC202			
第二通道	萃取剂流量控制	FIC203			
第三通道	水流量控制	FIC204			

提示：出厂前参数已设定好，无须重新设定。

二、阀门对照表

序号	编号	设备阀门功能	序号	编号	设备阀门功能
1	V01	气泵出口止回阀	19	V19	萃取塔排污阀
2	V02	空气缓冲罐入口阀	20	V20	调节阀旁路阀
3	V03	空气缓冲罐排污阀	21	V21	调节阀切断阀
4	V04	空气缓冲罐放空阀	22	V22	调节阀切断阀
5	V05	空气缓冲罐气体出口阀	23	V23	萃取相储罐排污阀
6	V06	萃余相储罐排污阀	24	V24	重相储罐排污阀
7	V07	萃余相储罐出口阀	25	V25	重相泵进口阀
8	V08	轻相储罐排污阀	26	V26	重相储罐回流阀
9	V09	轻相储罐出口阀	27	V27	重相泵出口阀
10	V10	轻相储罐回流阀	28	V28	总进水阀
11	V11	萃余分相罐轻相出口阀	29	V29	萃余相储罐放空阀
12	V12	萃余分相罐放空阀	30	V30	轻相储罐放空阀
13	V13	萃余分相罐轻相入口阀	31	V31	萃取相储罐放空阀
14	V14	萃余分相罐底部出口阀	32	V32	重相储罐放空阀
15	V15	备用阀	33	V33	电动调节阀
16	V16	轻相泵进口阀	34	V34	重相泵回流电磁阀
17	V17	轻相泵排污阀	35	V35	轻相泵回流电磁阀
18	V18	轻相泵出口阀	36	V36	轻相泵出口止回阀

附录 3　流化床干燥主要阀门一览表

序号	编号	名称
1	VA01	鼓风机出口放空阀
2	VA02	第一床层进气阀
3	VA03	第二床层进气阀
4	VA04	第三床层进气阀
5	VA05	干燥后气体放空阀
6	VA06	循环风机进气阀
7	VA08	循环风机出口阀
8	VA09	循环风机出口放空阀
9	VA10	循环风机出口压力调节阀
10	VA11	循环风机出口压力电动调节阀

附录 4　氯乙烯岗位涉及的危险化学品危害信息表

序号	名称	沸点 /℃	最高允许浓度 /（$mg \cdot m^{-3}$）	中毒症状	急救措施
1	C_2H_2	−80.8	20	轻微麻醉损害中枢神经，兴奋不安，沉睡，发晕	移至通气良好处，使其呼吸新鲜空气，必要时进行人工呼吸，输液、注射中枢兴奋剂，如咖啡因等
2	HCl	−84.9	15	刺激黏膜、呼吸道，肺水肿，人体接触 800 mg/m^3 0.5 h 致死	皮肤接触：立即脱去被污染的衣着，用大量流动清水冲洗至少 15 min，就医。 眼睛接触：立即提起眼睑，用大量流动清水或生理盐水彻底冲洗至少 15 min，就医。 吸入：迅速脱离现场至空气新鲜处，保持呼吸道通畅。如呼吸困难，立即进行输氧；如呼吸停止，立即进行人工呼吸，就医
3	氯乙烯	−13.9	10	眩晕、血压降低，定向力丧失，人体接触 286 mg/m^3 1 h 致死	及时移离现场静卧，保暖解开衣服和腰带，呼吸停止者迅速进行人工呼吸，立即进行输氧；皮肤被液体污染者应尽快用大量的清水冲洗
4	氯化汞	305（升华）	0.1	流涕、恶心，头痛，损害肾脏，严重者尿闭憋致死，人体 0.2 ～ 0.4 mg/m^3 致死	食入后立即催吐，及早应用 2% 的碳酸氢钠溶液洗胃，忌用生理盐水洗胃（生理盐水可增加毒物吸收）；口服磷酸钠与醋酸钠混合液或蛋清水、牛奶、豆浆，严重者就医
5	NaOH	1390	0.5	人体皮炎，皮肤溃烂，溅入眼中引起失明	皮肤接触：立即脱去污染的衣着，用水冲洗至少 15 min。若有灼伤，就医治疗。 眼睛接触：立即提起眼睑，用流动清水或生理盐水冲洗至少 15 min，或用 3% 硼酸溶液冲洗，就医。 食入：患者清醒时立即漱口，口服稀释的醋或柠檬汁，严重者就医

续表

序号	名称	沸点 /℃	最高允许浓度 /（$mg\cdot m^{-3}$）	中毒症状	急救措施
6	盐酸	108.6	7.5	损害皮肤、呼吸黏膜	皮肤接触：立即脱去被污染的衣着，用大量流动清水冲洗至少 15 min，就医。 眼睛接触：立即提起眼睑，用大量流动清水或生理盐水彻底冲洗至少 15 min，就医。 吸入：迅速脱离现场至空气新鲜处，保持呼吸道通畅。如呼吸困难，立即进行输氧；如呼吸停止，立即进行人工呼吸，就医
7	二氯乙烷	83.5	7	头晕、头痛、乏力等中枢神经系统症状，可伴恶心、呕吐或眼及上呼吸道刺激症状	皮肤接触：立即脱出被污染的衣着用大量流动清水冲洗至少 15 min，就医。 眼睛接触：立即提起眼睑，用大量流动清水或生理盐水彻底冲洗至少 15 min，就医。 吸入：迅速脱离现场至空气新鲜处保持呼吸道通畅。如呼吸困难，立即输氧；如呼吸停止，立即进行人工呼吸并就医。 食入：误服者用水漱口给饮牛奶或蛋清，就医

参考文献

[1] 周长丽，田海玲．化工单元操作［M］．2 版．北京：化学工业出版社，2015.

[2] 冯文成，程志刚．化工总控工技能鉴定培训教程［M］．2 版．北京：中国石化出版社，2016.

[3] 卢中民，段树斌．化工单元操作实训教程［M］．北京：化学工业出版社，2018.

[4] 高安全，刘明海．化工设备机械基础［M］．4 版．北京：化学工业出版社，2019.

[5] 厉玉鸣，刘慧敏．化工仪表及自动化［M］．6 版．北京：化学工业出版社，2020.

[6] 佘媛媛，童孟良，刘绚艳．化工单元操作实训［M］．3 版．北京：化学工业出版社，2022.

[7] 周长丽，朱银惠．化工单元操作实训［M］．北京：化学工业出版社，2011.